Hong Mao
Jie Tang

Evolução da estrutura de uma liga de alumínio endurecida pelo envelhecimento

Hong Mao
Jie Tang

Evolução da estrutura de uma liga de alumínio endurecida pelo envelhecimento

Simulação de campos microscópicos e de fase contínua

ScienciaScripts

Imprint

Cover image: www.ingimage.com

This book is a translation from the original published under ISBN 978-3-330-02890-6.

Publisher:
Sciencia Scripts
is a trademark of
Dodo Books Indian Ocean Ltd. and OmniScriptum S.R.L publishing group

120 High Road, East Finchley, London, N2 9ED, United Kingdom
Str. Armeneasca 28/1, office 1, Chisinau MD-2012, Republic of Moldova, Europe
Managing Directors: Ieva Konstantinova, Victoria Ursu
info@omniscriptum.com

Printed at: see last page
ISBN: 978-620-8-56914-3

Evolução da estrutura de uma liga de alumínio endurecida por envelhecimento: Simulação microscópica e de campo de fase contínua

Resumo: A liga de **alumínio** é amplamente utilizada em automóveis, aeroespacial, construção e outros campos industriais devido à sua excelente resistência específica, resistência à corrosão, resistência ao calor e outras propriedades excelentes. A descrição quantitativa da evolução da microestrutura durante o processo de precipitação de envelhecimento pode fornecer uma base teórica confiável para melhorar ainda mais as propriedades da liga de alumínio. Nos últimos 20 anos, com o rápido desenvolvimento da ciência dos materiais e da tecnologia informática, a simulação do campo de fases é considerada um método eficaz para a descrição quantitativa da evolução da microestrutura.

Neste livro, a evolução microestrutural de uma liga de alumínio reforçada pelo envelhecimento foi simulada utilizando modelos de campo de fase micro e contínua às escalas atómica e mesoscópica, respetivamente. Em primeiro lugar, a segregação de átomos de soluto nos limites de grão (GB), a nucleação de aglomerados e a transformação estrutural de precursores de fases precipitadas ordenadas/desordenadas na liga Al-Cu foram simuladas utilizando um campo de fase microscópico. Em seguida, foi desenvolvido um modelo de campo multifásico para descrever a evolução dos precipitados de envelhecimento na liga Al-Mg-Si. O crescimento deβ'' precipitados com o mais forte benefício de reforço de envelhecimento na liga Al-Mg-Si foi quantitativamente simulado através do acoplamento da base de dados CALPHAD (cálculo do diagrama de fases). Os efeitos de diferentes fracções de volume, morfologia e tamanho das partículas precipitadas no crescimento do grão foram investigados utilizando o modelo de campo de fase contínua. Finalmente, foi estudado o mecanismo de deformação plástica de materiais policristalinos com diferentes escalas sob força externa. Após investigação e exploração sistemáticas, os principais resultados são os seguintes:

(1) O modelo de campo de microfases foi utilizado para revelar a decomposição spinodal do soluto Cu em GB na liga Al-Cu. A evolução do

soluto Cu em GB tem dois processos: segregação do soluto em GB e decomposição espinodal em GB. A difusão ascendente do soluto Cu na GB leva à formação e crescimento de núcleos de aglomerados na região rica em soluto. Diferentes tipos de GBs têm efeitos significativos na segregação do soluto comportamento, e as fronteiras de grão de alto ângulo (HAGB) são mais fáceis de adsorver átomos de Cu soluto do que as fronteiras de grão de baixo ângulo (LAGB). A evolução da composição do soluto no GB também afectará a relação de incompatibilidade da rede entre o aglomerado e a matriz de Al. Quando a composição do soluto não sofreu decomposição espinodal, a distorção entre a região rica em soluto e a matriz não é óbvia. Quando o soluto sofreu uma decomposição espinodal no GB, a relação coerente entre o aglomerado e a matriz perde-se e formam-se precipitados estáveis nos limites dos grãos.

(2) A evolução dinâmica do precipitadoβ'' com a mais elevada eficiência de reforço por envelhecimento na liga Al-Mg-Si foi quantitativamente simulada pelo modelo de campo multifásico acoplado à base de dados térmica e cinética CALPHAD. Impulsionados pela energia de deformação elástica, osβ'' precipitados crescem de forma anisotrópica e a direção de alongamento é consistente com a direção de amolecimento do módulo de Young. Ao associar o campo elástico e a energia da interface anisotrópica, obtém-se a relação funcional quantitativa entre o rácio de aspeto λ e o tempo de envelhecimento t dos precipitadosβ'' em forma de agulha. Ao analisar a distribuição da tensão elástica em torno das partículas β'' , verifica-se que existe uma concentração óbvia de tensão na ponta dos precipitados em forma de agulha. A morfologia dos precipitados e a lei de evolução do rácio de aspeto das partículas obtidas por simulação de campo de fase são consistentes com os resultados experimentais.

(3) Os resultados mostram que os precipitados podem fixar GB e refinar o grão. Neste estudo, a lei de transformação topológica da evolução policristalina durante o crescimento normal do grão foi analisada pelo modelo de campo de fase contínua, e os efeitos de diferentes tamanhos de precipitado, morfologia e diferentes fracções de volume de partículas de segunda fase no crescimento policristalino foram simulados. Através da verificação da relação de Zener entre o tamanho das partículas fixadas e o

raio limite do grão, a relação exponencial é diferente da relação de fixação esférica ideal.

(4) Revela-se que a rotação de grãos dominada pela deslocação de GB e pela junção tripla (TJ) em GB é um novo mecanismo de deformação plástica de metais nano-policristalinos à temperatura ambiente. O crescimento de grão mediado pela migração de GB foi analisado pelo modelo de campo multifásico mesoscópico e o mecanismo microscópico à escala atómica da migração de GB e da rotação de grão durante a deformação plástica foi estudado pelo modelo de cristal de campo de fase (PFC). Os resultados da simulação PFC provam diretamente que a relação quantitativa entre a deslocação GB e o ângulo de orientação do grão é consistente com a equação de Frank-Bilby.

As conclusões obtidas neste trabalho são valiosas para o projeto de ligas de alumínio com micro envelhecimento e têm orientação científica para a corrosão GB de ligas de alumínio e para melhorar a vida útil dos materiais de liga de alumínio.

Palavras-chave: Liga de alumínio endurecida pela idade; Modelo de campo de fase microscópica e contínua; CALPHAD: Anisotropia; Crescimento de grãos; Pining de partículas de segunda fase; Mecanismo plástico; Deslocação GB

Conteúdo

Capítulo 1 introdução

1.1 Contexto e significado da investigação

Como indústria pilar da nova revolução científica e tecnológica do século XXI, a investigação e o desenvolvimento de novos materiais promoveram o rápido desenvolvimento de veículos ecológicos de energia nova, o fabrico de equipamento fino de alta qualidade, uma nova geração de tecnologia de inteligência da informação, tecnologia de bioengenharia e outros domínios[1,2]. O desenvolvimento da indústria moderna não pode ser separado do apoio da ciência e tecnologia dos materiais. A resolução dos problemas técnicos que se colocam na prática da engenharia passa frequentemente pela investigação e desenvolvimento de materiais de elevado desempenho, mas o ciclo que vai da investigação e desenvolvimento à industrialização de novos materiais é relativamente longo. O académico Jin Zhanpeng, da Universidade Central do Sul, salientou que a razão científica para este problema reside no facto de apenas terem sido encontradas algumas soluções especiais na relação entre o desempenho dos materiais e o processo de investigação e desenvolvimento de materiais, e de a compreensão insuficiente da complexa conotação científica e tecnológica e dos pormenores da cadeia industrial restringir seriamente a investigação e o desenvolvimento de novos materiais e a aplicação industrial [3]. O núcleo da moderna ciência e tecnologia dos materiais é o ajustamento da microestrutura da matéria à escala macro, mesoscópica e mesmo atómica para obter as excelentes propriedades físicas e químicas necessárias.

O alumínio puro é muito macio e tem baixa resistência, a liga de alumínio formada pela adição de uma pequena quantidade de outros elementos de liga (cobre, silício, magnésio, zinco, manganês, etc.) pode obter uma resistência que pode ser comparada com o aço, a razão fundamental é que uma série de mudanças ocorreram na microestrutura da liga de alumínio durante o tratamento térmico, e os elementos de liga adicionados contribuem para a formação de partículas de fase precipitada com tamanho nano e

distribuição dispersa dentro do limite do grão e do grão [4-7], por exemplo, a adição de elemento Cu pode obter θ′ (Al2Cu) fase aprimorada, e a adição de Mg e Si pode obter β″ (Mg5Si6) aprimoramento igual. Durante o processo de deformação, essas partículas precipitadas têm um efeito de fixação no limite do grão, o que pode impedir a migração do limite do grão e o movimento de deslocamento para melhorar a resistência da liga de alumínio, esse processo é o fortalecimento do envelhecimento da liga de alumínio. Fundamentalmente, compreender a liga de alumínio endurecida pelo envelhecimento no processo de tratamento térmico, a segregação de elementos de liga em defeitos, a formação da fase de precipitação, a fixação do limite cristalino das partículas da fase de precipitação e a evolução da microestrutura no processo de processamento da deformação são problemas que o meio académico e industrial internacional tem em comum com os círculos académicos e industriais internacionais que não foram completamente resolvidos.

Ao longo dos anos, os investigadores de materiais têm-se esforçado por atingir as propriedades esperadas dos materiais através da otimização da composição das ligas e da tecnologia de processamento. O estabelecimento de uma relação quantitativa entre o desempenho do material e a composição e os parâmetros do processo de processamento é necessário na engenharia atual. No entanto, uma vez que a composição e os parâmetros do processo de processamento não são parâmetros de estado do desempenho do material, é extremamente difícil estabelecer essa relação quantitativa. Em comparação com estes parâmetros, a estrutura organizacional é a variável de estado do material e a impressão digital do histórico de processamento, e determina a mudança de desempenho durante a preparação do material. Atualmente, a maior parte da investigação experimental consiste em adotar o método de "tentativa e erro" para eliminar a diferença em relação à situação ideal e atingir o objetivo de conceber materiais com um excelente desempenho. Da mesma forma, a análise da microestrutura do material também apresenta mecanismos relevantes após a obtenção de uma compreensão qualitativa e quantitativa do tecido através de várias técnicas de caraterização experimental. Existem várias deficiências no modo experimental tradicional e na tecnologia de caraterização no estudo das propriedades dos materiais e da evolução das microestruturas: Em primeiro lugar, a quantidade de experiências necessárias para o "método de tentativa e erro" é enorme, existe um certo grau de cegueira e os resultados são mais empíricos. Em segundo lugar, o mapa da microestrutura de um único espaço-tempo é uma integração de muitos factores que afectam a evolução dos materiais, a contribuição de um único fator de energia (energia de interface, energia elástica, energia livre química, etc.) para a evolução da microestrutura não pode ser analisada por métodos de caraterização estática [8].As propriedades dos materiais são muitas vezes determinadas por diferentes estados da microestrutura em diferentes escalas espaciais, e a conceção de materiais de nível único será substituída por uma conceção de vários níveis [9,10]. Com o desenvolvimento da tecnologia informática, a aplicação da tecnologia de cálculo e simulação da teoria dos materiais no domínio da ciência dos materiais está a tornar-se cada vez mais profunda, a computação de materiais liga a teoria e a experiência, e a ponte entre o micro e o macro [11,12]. A tecnologia de simulação de materiais tem as seguintes vantagens: Em primeiro lugar, através da modelização científica, os mapas de evolução das microestruturas em diferentes espaços-tempos podem ser fornecidos em tempo real; (2) A simulação numérica em grande escala e à escala real fornece amostras de dados exactos para explorar as leis gerais da evolução dos materiais e pode obter alguns dados difíceis de obter a partir de experiências, o que constitui uma base para a verificação da teoria; (3) O controlo modular quantitativo bidirecional entre parâmetros e desempenho fornece apoio teórico para explorar o impacto de uma única variável no desempenho; (4) Pode poupar custos e encurtar simultaneamente o ciclo de investigação e desenvolvimento de materiais. Com o advento da era da inteligência artificial e dos grandes volumes de dados, a computação de simulação de materiais flexível e eficiente tornar-se-á definitivamente a tendência inevitável da conceção de materiais de elevado desempenho.

O modelo de campo de fase [13-17] é uma das ferramentas importantes para simular a evolução da estrutura microorganizacional na ciência computacional dos materiais. O método utiliza uma série de variáveis de conservação e de campo de fase não constante para descrever a microestrutura e a composição do material, e constrói a função de energia total do sistema alvo, acoplando dados térmicos e dinâmicos fiáveis do material e parâmetros estruturais que reflectem as propriedades físicas e químicas do material, sob o impulso da minimização da energia do sistema, várias equações diferenciais parciais no modelo de campo de fase são resolvidas o valor e visualizadas, o processo de evolução da microestrutura e composição do material ao longo do tempo pode ser obtido. Nos últimos anos, com a combinação do funcional de energia do campo de fase e da teoria do funcional da densidade, o modelo de campo de fase contínua à escala mesoscópica foi alargado com sucesso à escala atómica e foi proposto o modelo de campo de fase microcristalina. Atualmente, o modelo de campo de fase tem obtido grande sucesso em muitos domínios da investigação de materiais

[14,15].

Em resumo, todo o processo de envelhecimento da liga de alumínio envolve a ligação mútua de microestruturas de vários níveis, e a simulação de campo de fases em várias escalas ajudará a revelar as leis intrínsecas e o mecanismo de reforço da evolução desta microestrutura complexa. Em particular, o funcional de energia do campo de fase modular pode analisar separadamente a contribuição de diferentes factores de energia para a mudança de fase global. Fundamentalmente, o esclarecimento do impacto de vários factores físicos na evolução da microestrutura fornecerá ideias para a conceção de materiais de liga de alumínio de alto desempenho, de modo a orientar eficazmente a conceção da liga de alumínio.

1.2 Classificação do alumínio e da liga de alumínio

O alumínio é o terceiro elemento mais abundante na crosta terrestre (perdendo apenas para o oxigénio e o silício), e é também o elemento metálico mais abundante, representando cerca de 8% da massa total da terra. O alumínio puro tem uma estrutura cúbica de face centrada (FCC: cúbica de face centrada), sem transformação isomérica, o seu ponto de fusão é 660,32°C, e a densidade relativa é 2,7 × 103 kg/m3, que é cerca de 1/3 da densidade do ferro. Após uma longa prática de produção e investigação científica, verificou-se que, se for adicionada uma quantidade adequada de elementos de liga ao alumínio puro e através de um processo de tratamento térmico adequado, podem ser obtidas ligas de alumínio com propriedades mecânicas completamente diferentes das do alumínio puro [18,19]. Diferentes marcas de ligas de alumínio têm diferentes elementos de liga adicionados, de um modo geral, de acordo com diferentes fluxos e processos de processamento, podem ser divididas em ligas de alumínio de processamento e ligas de alumínio de fundição, as ligas de alumínio de processamento utilizam principalmente o processamento plástico (laminagem, extrusão, estiramento e forjamento) para processar biletes de alumínio em materiais, enquanto a liga de alumínio de fundição é preenchida com vários moldes com metal fundido para obter peças em bruto de diferentes formas. Além disso, consoante a resistência possa ser melhorada através do processo de tratamento térmico, divide-se em duas categorias: liga de alumínio tratável pelo calor e liga de alumínio não tratável pelo calor.

A liga de alumínio, especialmente a liga de alumínio reforçada pelo envelhecimento, ocupa uma posição muito importante entre os materiais estruturais leves e de alta resistência. Em geral, o envelhecimento tem como objetivo reforçar a liga através da formação de uma fase substituível (aglomerado, região G.P., etc.) com uma composição ou estrutura diferente da composição da fase de equilíbrio no interior da liga para impedir o movimento de deslocação e de contorno de grão na deformação plástica. A morfologia, o tamanho e a composição das partículas da fase de precipitação, cuja distribuição na matriz afectará significativamente o desempenho da liga. A versatilidade da liga de alumínio torna-a o material metálico mais utilizado depois do aço.

1.3 Resumo da investigação sobre a microestrutura da liga de alumínio de reforço por envelhecimento

A evolução da microestrutura envolvida em todo o processo de precipitação do envelhecimento da liga de alumínio é muito complexa, esta secção centrar-se-á na an álise da segregação do limite cristalino dos átomos de soluto na fase inicial do envelhecimento da liga de alumínio, na geração da fase de precipitação no interior do grão, e realizará um estudo e uma visão geral do processo contínuo de evolução microestrutural do efeito de "fixação" das partículas da fase precipitada no limite do grão.

1.3.1 Investigação sobre a segregação na fronteira cristalina

O limite de grão é um defeito comum nas ligas, e a sua estrutura e propriedades são diferentes do interior do grão. Normalmente, existe uma certa diferença de orientação entre os grãos de ambos os lados do limite cristalino, resultando numa elevada desordem da sua estrutura. Pode não só enfraquecer (fratura intergranular, fissuração por corrosão sob tensão) mas também melhorar (efeito Hall-Petch) os materiais metálicos policristalinos. Num estado de equilíbrio, existem mais defeitos estruturais no limite do grão do que no interior do grão, e a energia dos átomos de soluto (iões) no interior do grão é mais elevada do que no limite do grão, resultando na concentração espontânea de átomos de soluto no interior do grão para a área do limite do grão, o que reduzirá a energia do sistema, sendo este processo designado por análise do limite do grão. A segregação nos limites dos cristais conduz a uma distribuição desigual da solubilidade atómica do soluto entre a superfície do cristal e os cristais adjacentes. De um modo geral, os átomos de soluto com segregação nos limites dos grãos têm baixa solubilidade na fase a granel. O fenómeno de segregação de equilíbrio dos átomos de soluto na fronteira do grão desempenha um papel muito importante no transporte e na mudança de fase dos materiais, e também afecta a resistência e o endurecimento por deformação, a fluência mecânica, a fragilização do metal líquido e o comportamento de corrosão dos materiais.

Há muito que as pessoas reconhecem que a segregação de soluto do processo de envelhecimento da liga de alumínio está relacionada com a estrutura do contorno do grão, mas devido à dificuldade experimental de realizar a observação estrutural e a análise química do contorno do cristal à escala atómica, a compreensão da estrutura do contorno do grão tem sido limitada apenas à especulação e à hipótese do modelo durante muito tempo. O progresso da moderna tecnologia de investigação de materiais e o desenvolvimento da teoria dos defeitos dos cristais proporcionam uma base sólida e boas condições para um estudo aprofundado da estrutura dos limites dos grãos. Em particular, o surgimento da tecnologia de caraterização experimental da sonda atómica tridimensional (3DAP) pode analisar a diferença de distribuição de elementos de soluto entre o limite do grão e a fase do corpo à escala atómica do material, e pode analisar quantitativamente a composição de micro-áreas tridimensionais. Foram relatados alguns estudos sobre o comportamento da segregação de soluto no limite do cristal à escala atómica.

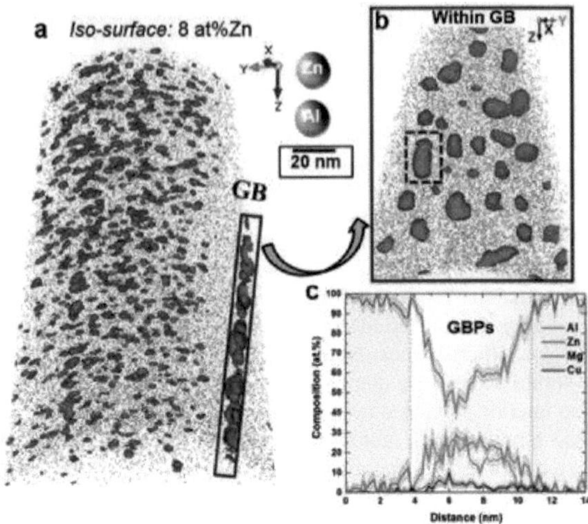

Figura 1-1 (a-b) Resultados tridimensionais da sonda atómica da segregação do átomo de soluto no limite do grão na liga Al-Zn-Mg-Cu, **(c)** Gráfico da distância de composição do soluto perto do limite do grão [20]

B.W. Krakaue et al. [21] estudaram o comportamento de segregação de átomos de C e de Si na fronteira de grão da liga Fe-Si utilizando o método de caraterização combinado do microscópio de iões de campo de sonda atómica e do microscópio eletrónico de transmissão (APFIM/TEM), o estudo mostra que os átomos de soluto apresentam níveis de segregação mais elevados na fronteira de grão torcido do que na fronteira de cristal simetricamente inclinada. Nos últimos anos, tem havido uma nova compreensão da segregação no limite do cristal, e acredita-se que um processo de mudança de fase semelhante também ocorrerá no limite do cristal. D. Raabe et al. [22] tomaram a liga binária Fe-Mn como exemplo para estudar a relação entre a decomposição espinodal do limite cristalino e o processo de precipitação do limite cristalino, revelando que a segregação regular ocorre quando a concentração atómica do limite cristalino é inferior ao valor crítico, quando a concentração de soluto atinge o valor crítico, o processo de decomposição espinodal do limite cristalino será despoletado para fazer o núcleo não uniforme da segunda fase no limite cristalino, o processo semelhante de decomposição espinodal do limite cristalino também foi verificado no processo de segmentação do limite de grão da liga FeMnNiCoCr de alta entropia [23].Na liga de alumínio, o Mg e o Cu são dois elementos de liga importantes com um forte efeito de reforço do soluto. As experiências mostram que os átomos de soluto de Mg e Cu têm uma forte tendência para a segregação no limite cristalino do Al. Por exemplo, Sha et al. [24] mostraram que a segregação de Mg e Cu no limite do grão em ligas ultrafinas de Al-Zn-Mg-Cu pode estabilizar o tamanho do grão. A segregação e o enriquecimento de átomos de soluto nos limites de grão são comuns em sistemas de ligas de alumínio reforçados pelo envelhecimento. A Figura 1-1 mostra os resultados da sonda atómica tridimensional (3DAP) para a segregação do soluto nos limites do grão da liga de alumínio Al-Zn-Mg-Cu e a curva de distância da composição do soluto nos limites do grão.

Sob certas condições de tratamento térmico, a fissuração por corrosão sob tensão e a fratura frágil ao longo do limite do grão são muito propensas a ocorrer no limite do grão. A fragilidade é causada pela formação de precipitados grosseiros e incoerentes ao longo do contorno do grão, o que reduz consideravelmente a resistência à fratura do material. Devido ao forte efeito de adsorção do limite do grão nos átomos de soluto vizinhos, a segregação da interface é normalmente acompanhada pela formação de zonas livres de precipitação (PFZ) com cerca de 100 nm de largura no limite do cristal, como se mostra na Figura 1-2. A separação do soluto no limite do grão leva à formação de limites cristalinos ricos em soluto, zonas livres de precipitação de soluto pobres (PFZ) e grãos de cristal não afectados no interior da liga. A concentração de elementos de liga nas três regiões é fortemente desigual. As alterações na fronteira cristalina e a composição do soluto em torno da fronteira cristalina causam um desequilíbrio eletroquímico e mecânico local muito elevado, o que reduz a resistência à corrosão e as propriedades mecânicas da liga. A compreensão do comportamento de separação dos elementos de liga no limite do grão é uma consideração importante na conceção de materiais, porque pode afetar muitas propriedades, incluindo a resistência à fratura, a plasticidade e a estabilidade da microestrutura.

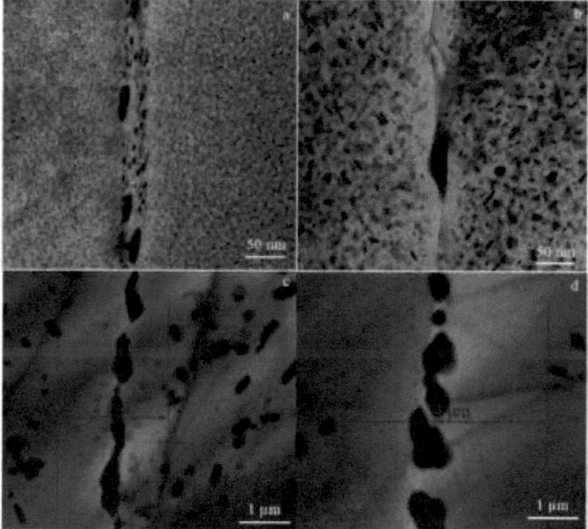

Figura 1-2 Imagens TEM típicas de campo claro para as regiões de contorno de grão da liga de alumínio 7055 envelhecida a **(a)** 120 °C por 2 h, **(b)** 120 °C por 720 h e **(c)** 400 °C por 1 h, **(d)** 400 °C por 8 h [25]

Deformação de processamento A liga Al-Cu é comumente conhecida como liga de alumínio duro, que tem boa resistência ao calor e desempenho de processamento, mas a resistência à corrosão não é tão boa quanto a maioria das outras ligas de alumínio, e a corrosão intergranular ocorrerá sob certas condições. adição de Cu à liga tende a melhorar a sensibilidade da liga à corrosão intergranular (como mostrado na Figura 1-3), que está relacionada ao micro par elétrico entre a segregação atômica de Cu ao longo do limite do cristal, a geração de partículas de segunda fase do limite do cristal e as zonas livres de precipitação adjacentes (PFZ).

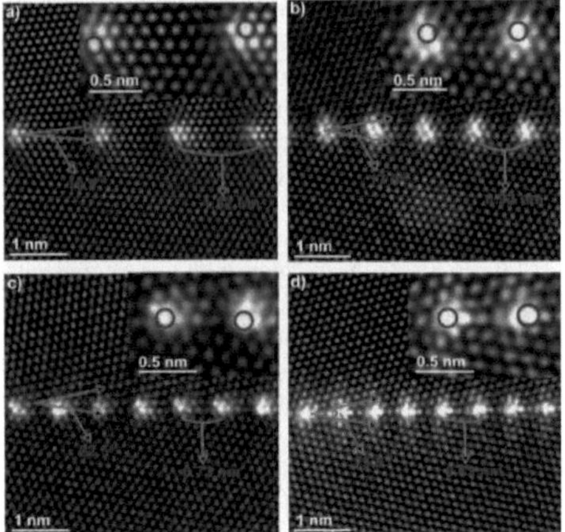

Figura 1-3 Imagem HAADF-STEM da segregação de átomos de soluto no contorno de grão [26,27]

A corrosão intergranulal da liga de alumínio é maioritariamente observada nas fases de subenvelhecimento e de pico de envelhecimento, e o envelhecimento excessivo está normalmente relacionado com a transformação da corrosão intergranulal em corrosão pontual. Como todos sabemos, o átomo de Cu na liga de alumínio da série 2XXX pode aumentar a resistência da liga de alumínio, formando uma fase de precipitação com a matriz Al. No entanto, a influência do processo de segregação de átomos de soluto de Cu no limite do cristal de Al ainda não é clara. Não existe um relatório de investigação exaustivo sobre o comportamento de segregação dos átomos de Cu no limite cristalino do Al. Por conseguinte, é necessária uma investigação sistemática para clarificar o impacto da dopagem de Cu na resistência do limite cristalino de Al. Atualmente, o cálculo teórico e a observação e análise experimentais da estrutura do contorno do grão e da composição química podem ser efectuados à escala atómica, fazendo assim grandes progressos na estrutura atómica do contorno do cristal e na sua relação com o desempenho.

1.3.2 Investigação sobre a fase de precipitação efectiva no tempo

O fenómeno de precipitação por envelhecimento e reforço da liga de alumínio foi descoberto pela primeira vez por Alfred Wilm[28] na liga A1-Cu-Mg em 1906, e depois a tecnologia de endurecimento por envelhecimento foi amplamente utilizada noutras ligas de alumínio de alta resistência. A liga de alumínio é aquecida a uma temperatura específica e temperada para obter uma solução sólida à base de alumínio com soluto supersaturado. Depois de esta solução sólida ser colocada à temperatura ambiente ou aquecida a uma determinada temperatura, serão precipitadas partículas específicas de segunda fase na matriz de alumínio, tais como Al2Cu[29], Mg5Si6[30], Mg2Si[31] e outros compostos de ouro Intergenus, que se encontram dispersos na matriz de alumínio, podem prevenir eficazmente o movimento de deslocação e de contorno de grão, melhorando assim a resistência e a dureza da liga de alumínio, sendo este processo designado por envelhecimento. O processo de precipitação de envelhecimento da liga de alumínio está relacionado com o tempo e a temperatura. Em 1906, após o fenómeno de precipitação do envelhecimento ter sido descoberto pela primeira vez em ligas de Al-Cu-Mg com têmpera a alta temperatura e envelhecimento à temperatura ambiente, só quando Guinier[32] e Preston[33] descobriram o processo de aglomeração de soluto rico em Cu é que o mecanismo microscópico do processo de envelhecimento para melhorar a resistência da liga de alumínio foi clarificado. Desde que Guinier e Preston descobriram a existência da região G.P [33] em 1938, muitos estudos foram efectuados sobre a região G.P, sucessivamente em Al-Zn[34], Al-Ag[35,36], Al-Mg- A existência da região G.P foi encontrada no processo de tratamento térmico de ligas como Si[37], Al-Zn-Mg[38], Cu-Be[39], Cu-Fe[40], Fe-Mo[41] e Fe-Cu[40]. A Figura 1-4 mostra a microscopia eletrónica de transmissão Al-Cu da região G.P no processo de envelhecimento da liga.

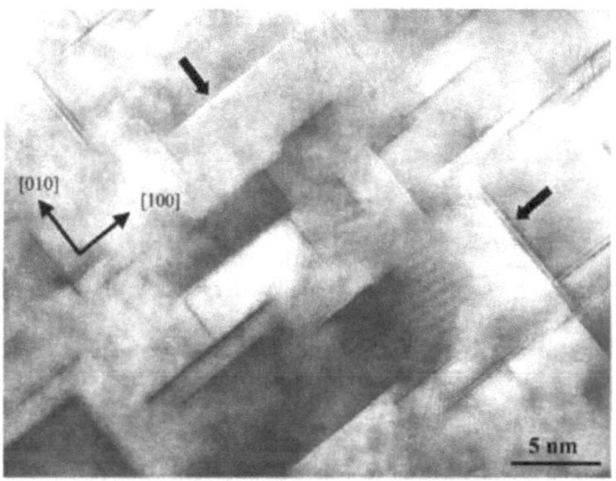

Figura 1-4 Micrografia eletrónica de transmissão de zonas G.P típicas, indicadas por setas, formadas numa liga Al-4 % Cu envelhecida a 423 K durante 86,4 ks [42]

No processo de tratamento térmico da liga de alumínio de reforço por envelhecimento, serão produzidas fases substituíveis, como a região G.P e a fase intermédia, que desempenham um papel importante na melhoria da resistência mecânica da liga. Como uma liga de alumínio deformável comum tratada termicamente, a sequência básica de precipitação das ligas de alumínio das séries 2XXX e 6XXX é a seguinte

Liga Al-Cu (série 2xxx): O sistema Al-Cu é uma das ligas mais básicas de reforço por envelhecimento. A sequência de precipitação por envelhecimento desta liga é geralmente reconhecida como sendo a seguinte [43,44]:

Soluto sólido supersaturado (SSSS)→Zonas GPI→ Zonas GPII (θ'') → θ' → θ → Al_2Cu

Liga de Al-Mg-Si (série 6xxx): O sistema Al-Mg-Si é também uma liga de alumínio típica para o reforço do envelhecimento, com elevada formabilidade, elevada resistência à corrosão e elevada soldabilidade, e é um material de carroçaria muito utilizado. A sequência de precipitação geralmente considerada eficaz em termos de tempo é a seguinte [44,45]:

Agregado atómico de soluto sólido supersaturado (SSSS)→Mg/Si → zonas GP→ $\beta'' \rightarrow \beta' \rightarrow \beta - Mg_2Si$

A Tabela 1-1 apresenta a informação cristalográfica da morfologia, fase intermédia e fase estável da região G.P. na matriz típica da liga de alumínio reforçada pelo envelhecimento.

Tipo de liga	Zonas G.P	Fase intermédia	Fase estável
Al-Cu	Região G.P-I: estrutura em forma de disco de uma única camada de átomos de Cu. Zona G.P-II (θ''): A região GPI e a região GPII da camada de Cu de 2 camadas separada por 3 camadas de camadas de Al são formadas na superfície da matriz de Al {100}	θ': Formar um cristal quadrilátero semi-co-rede Al_2Cu no plano {100} da matriz Al.	θ : 0 cristal quadrilateral Al_2Cu, que não é coerente com a matriz, tem uma forma irregular
Al-Cu-Mg	Área GPB (Guinier-Preston-Bagaryatsky): a matriz de alumínio é alongada em forma de agulha em 100 direcções (a correia GPB pode ser dividida em GPBI e GPBII)	S': Formar um cristal ortogonal Al_2CuMg, que é semi-co-grade com a fase de matriz, é formado na direção <100> do plano {210} da matriz de alumínio.	S : Cristal ortogonal Al_2CuMg com uma relação não coerente com a matriz
Al-Mg-Si	Região G.P: formada no plano {100} da matriz de Al, contendo Mg e Si Área G.P. em forma de agulha (β''): alongamento em forma de agulha na direção da matriz de alumínio 100, contendo Mg e Si	β' : A fase de precipitação em forma de haste hexagonal Mg2Si do sistema de cristal hexagonal que forma uma relação de semi-co-rede na direção <100> da matriz de alumínio Uma outra fase intermédia forma-se numa liga de silício excessiva.	β Estrutura cúbica Mg_2Si com uma forma de placa formada no plano da matriz de alumínio {100}
Al-Zn-Mg	Região G.P: esfera, contendo Mg e Zn	η': $MgZn_2$ de sistema cristalino hexagonal, de forma esférica ou delgada T' : $Mg_{32}(Al,Zn)_{49}$ de sistema cristalino hexagonal (formado em ligas com elevada relação Mg/Zn)	η: Sistema cristalino hexagonal MgZn2 com relação não coerente com a matriz T : $Mg_{32}(Al,Zn)_{49}$ de sistema cristalino hexagonal
Al-Li [46]	A estrutura ordenada do $L1_2$	δ': Al_3Li com estrutura de fase ordenada do tipo $L1_2$, esférica	δ: O cristal cúbico AlLi é preferencialmente formado no limite do grão e tem uma relação de não-rede com a matriz.

Tabela 1-1 Morfologia e cristalografia das zonas G.P., fases intermédias e estáveis na matriz de ligas de alumínio típicas endurecíveis por envelhecimento[42]

1.3.3 Investigação sobre o limite cristalino da segunda fase de fixação de partículas

Com exceção da solução sólida α(Al), quase todas as ligas de alumínio têm uma segunda fase, que pode ter um efeito de fixação no movimento do limite do grão. A segunda fase na liga de alumínio pode ser dividida em três categorias: partículas de fase cristalina com uma faixa de tamanho de 0,1 ~ 30μm no momento da cristalização são o primeiro tipo de pontos de massa; pontos de massa de dispersão não co-rede com uma faixa de tamanho de 0,01 ~ 0.5μm acima da temperatura final e temperatura de envelhecimento da cristalização são o segundo tipo de pontos de massa; a temperatura de envelhecimento produz uma régua As partículas de fase de precipitação de efeito de tempo de co-grade com uma faixa de polegada de 0,001~0,1μm são o terceiro tipo de pontos de massa. Entre eles, o primeiro tipo de pontos de massa são difíceis de fundir, resultando em reforço heterofásico, o segundo tipo de pontos de massa produzem reforço de dispersão, e o terceiro tipo de pontos de massa produzem reforço de precipitação [47]. Como já foi referido, as ligas de alumínio tratáveis termicamente produzem normalmente partículas de segunda fase com diferentes fracções de volume, diferentes tamanhos e diferentes formas durante o processo de envelhecimento. Estas partículas embebidas na matriz de alumínio formam uma interface não co-reticulada com a matriz na fase posterior do envelhecimento. A sua composição e posição geralmente não se alteram com o tempo. A interação entre as partículas "pinning" e a matriz de alumínio afectará significativamente a evolução da sua microestrutura, especialmente a migração e a deslocação dos limites dos grãos durante a deformação

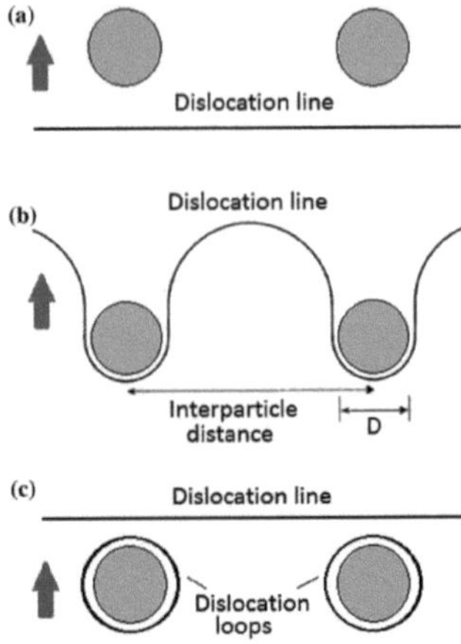

Figura 1-5 Esquema do mecanismo de reforço de Orowan [48]

A liga de alumínio produzirá um grande número de proliferação de deslocações no processo de deformação plástica, quando a linha de deslocação encontra as partículas da fase de precipitação incrustadas na matriz durante o movimento, será afetada pelo seu campo de tensão para produzir uma força de repulsão oposta à direção da deslocação (como se mostra na Figura 1-5-b). Neste momento, o movimento da deslocação será impedido, a linha de deslocação dobra-se e deforma-se perto das partículas, o processo de deformação plástica do material tornar-se-á difícil. À medida que a deformação plástica aumenta, o grau de flexão da linha de deslocação também se torna maior. A linha de deslocação continuará a avançar, deixando o anel de deslocação à volta da partícula de fixação (como se mostra na Figura 1-5-c), e a linha de deslocação que contorna a partícula de fixação continuará a avançar. Em 1948, Orowan [49] propôs pela primeira vez este mecanismo de deslocação que contorna as partículas da segunda fase para formar um anel de deslocação e reforçar o metal, que é designado por mecanismo de desvio de deslocação de Orowan. As experiências subsequentes de caraterização por microscopia eletrónica também confirmaram o mecanismo de Orowan de deslocação que contorna as partículas fixadas durante a deformação plástica dos materiais metálicos.A separação dos átomos de soluto no limite do grão e a precipitação no limite do cristal gerada em relação ao limite do grão têm um forte efeito de fixação, o que reduz a mobilidade do limite do cristal e favorece a manutenção da estabilidade da micro-organização do material [50-52]. Hughesd[53] esticou a deformação após o tratamento térmico da liga de Al-(3-5%)Cu reforçada pelo envelhecimento, e partículas de Al2Cu de diferentes tamanhos e distribuições foram formadas na matriz de alumínio. Os resultados mostram que a tensão de cisalhamento crítica é inversamente proporcional à distância média entre as partículas precipitadas, e o anel de deslocamento formado em torno das partículas fixadas contribui muito para o endurecimento por trabalho. A teoria de Orowan foi confirmada pelos resultados experimentais pela primeira vez. He et al. [54] utilizaram a tecnologia de forjamento multi-vias (MDF) para efetuar o tratamento de envelhecimento pós-deformação da liga 2219 Al-Cu, e estudaram a influência das partículas Al2Cu de segunda fase nas propriedades mecânicas. A baixa temperatura, as partículas grosseiras de Al2Cu após o tratamento com MDF apresentam uma distribuição dispersa e uma forma alongada.

Nas amostras tratadas com MDF a uma temperatura mais elevada (como 510°C), o número de partículas grosseiras de Al2Cu diminui, mas o grau de esferização aumenta. Os resultados mostram que quanto maior for o número de partículas asféricas, maior será o efeito inibidor do crescimento do grão. De acordo com a teoria da resistência policristalina de Hall-Petch [55], quanto menor for o tamanho do grão dentro de um determinado intervalo, maior será a resistência da liga. O refinamento do grão tornou-se uma consideração importante na conceção de ligas de alumínio de elevada resistência. Partículas de fase precipitada de diferentes formas, tamanhos e fracções de volume são introduzidas durante o processo de envelhecimento da liga de alumínio, tais como a fase θ'(Al2Cu) no envelhecimento reforçando a liga Al-Cu, a fase β''(Mg5Si6) na liga Al-Mg-Si e a liga Al-Zn-Mg a fase η'(MgZn2) pode melhorar a resistência da liga de alumínio. Essas partículas de fase precipitadas nas diferentes ligas de alumínio de fortalecimento do envelhecimento podem atrasar ou mesmo impedir a migração do limite de grão policristalino para atingir o objetivo de refinar a liga com grão aprimorado.

1.4 Resumo da investigação sobre a microestrutura da liga de alumínio com simulação de campo de fases

As diferentes fases e as interfaces entre as fases formam a microestrutura global do material. E a evolução destas microestruturas tem efeitos de escala óbvios, e a evolução de diferentes microestruturas abrange diferentes escalas espaciais. Por exemplo, as propriedades de fase de uma estrutura homogénea têm o conceito estatístico da termodinâmica, e o seu processo de mudança de fase pode normalmente ser descrito por uma teoria termodinâmica de mesoescala (como CALPHAD, etc.). Para a estrutura cristalina com apenas algumas espessuras atómicas, a evolução estrutural da microescala será a razão fundamental que domina a mudança das suas propriedades. Além disso, a fase da microestrutura do material constituinte tem composição química e estrutura cristalina diferentes. Como simular a evolução da estrutura de organização do material através da modelação numérica e explorar o mecanismo de ligação entre diferentes escalas e diferentes fases de componentes neste processo tem sido sempre uma questão importante no domínio da computação de materiais. Porque determina em grande medida as propriedades dos materiais, tais como propriedades físicas, propriedades mecânicas, etc.

A inspiração inicial para a criação do modelo de campo de fases veio da aplicação bem sucedida da teoria do campo contínuo por van der walls[56] para descrever a interface fluido-gás-líquido. Mais tarde, Cahn[57] e Hilliard[58] propuseram formalmente um modelo dinâmico para descrever a evolução instantânea da microestrutura das ligas com base nesta ideia básica - o modelo Cahn-Hilliard. Atualmente, com base no modelo de Cahn-Hilliard e para diferentes sistemas e processos materiais, os especialistas no domínio da ciência computacional dos materiais propuseram diferentes modelos de campo de fase [14-16,59,60], que são geralmente propostos para resolver diferentes tipos de problemas de transição de fase dos materiais. O modelo de campo de fase inicial é utilizado para simular a transição sólido-líquido, principalmente a estrutura de solidificação [59] e o crescimento de dendrite [61], o outro campo é o campo de transição de fase sólido-sólido, como o crescimento de grão [62], precipitação [63,64], danos por radiação [65], transição de fase ferroeléctrica [17] e muitos outros processos.

Como mencionado acima, as diferentes fases na microestrutura de diferentes camadas de materiais e o mecanismo de ligação entre diferentes componentes de fase determinam as propriedades macroscópicas dos materiais. O modelo de campo de fases consiste em construir a função de energia total do sistema através da definição de diferentes variáveis de campo e do gradiente das variáveis de campo, e simular o processo de evolução espontânea da microestrutura dos materiais através do princípio mais básico da minimização da energia ou do aumento da entropia. De acordo com as diferentes variáveis de campo definidas, o modelo de campo de fase pode ser dividido em modelos de campo de fase microscópica e contínua. Entre eles, o modelo de campo de fase microscópico é utilizado principalmente para descrever a evolução da microestrutura dos materiais à escala atómica, e a sua variação de campo é uma função de probabilidade de ocupação atómica não conservada. O modelo de campo de fase contínua é utilizado principalmente para descrever a evolução da estrutura e da composição à escala mesoscópica, e as suas variáveis de campo podem ser funções conservadas do campo de concentração ou funções não conservadas de variáveis do campo estrutural (tais como parâmetros de ordem, fracções de fase, etc.). Em termos de desenvolvimento atual do campo de fases, os modelos de campo de fases microscópicas e contínuas podem ser utilizados para lidar com processos de transformação de fases sólido-líquido e de transformação de fases sólido-sólido.

1.4.1 Situação atual da investigação sobre a simulação de campos de microfases

Em 2002, Elder et al. [66] estabeleceram um modelo de cristal de campo de fase baseado no funcional de energia livre de Swift-Hohenberg e na equação de dinâmica de campo conservadora sobreamortecida. Com o desenvolvimento contínuo do modelo de cristal de campo de fase, foram propostas diferentes formas do funcional de energia livre PFC [67] para descrever uma variedade de estruturas cristalinas, e esta flexibilidade alarga consideravelmente o âmbito de aplicação deste modelo. O modelo PFC teve origem na teoria clássica do funcional da densidade, mas a aplicação do PFC não se limita ao domínio do crescimento dos cristais, tendo obtido resultados notáveis na segregação de solutos, na pré-fusão nos limites do grão, na precipitação envelhecida, na evolução nanocristalina, nos limites do grão e nos defeitos cristalinos, entre outros domínios.

(1) No domínio da segregação do soluto e da pré-fusão dos limites do grão, Greenwood et al. [68] utilizaram o modelo PFC para estudar a interação entre o soluto e a migração dos limites do grão à escala atómica, revelando o efeito inibidor dos átomos do soluto na migração dos limites do grão, e obtiveram resultados basicamente consistentes com a teoria clássica da resistência do soluto através da simulação PFC. Shen [69] combinou o modelo PFC com o primeiro princípio para estudar quantitativamente a influência dos limites de grãos policristalinos Li3ClO no transporte de limites de grãos de íons Li, e os resultados mostraram que o aumento do grau de coincidência da sobreposição de matriz de pontos de correspondência de rede pode reduzir a energia de segregação de vaga de Li, e ∑5 (310) tem a maior energia de segregação de vaga de Li entre todas as redes de coincidência, e o efeito da segregação de limite de grão na difusividade de íons depende em grande parte do tamanho do grão. No estudo dos limites de grão, Mellenthin et al. [70] estudaram o fenómeno de pré-fusão dos limites de grão de substâncias puras ordenadas por cristais hexagonais a temperaturas abaixo do ponto de fusão, revelando o complexo processo de reação de deslocação no comportamento dos limites de grão. Berry et al. [71] utilizaram o modelo PFC para efetuar um estudo de simulação tridimensional da deslocação e do processo de fusão no contorno de grão, e os resultados mostraram que a pré-fusão no contorno de grão estava relacionada com a emissão externa de deslocação a partir do contorno

de grão.

(2) No domínio da precipitação por envelhecimento, Fallah [72] simulou e caracterizou à escala atómica os primeiros aglomerados de ligas Al-Cu supersaturadas de têmpera/envelhecimento e estudou a evolução da estrutura e da composição dos aglomerados. Os resultados da microscopia eletrónica de transmissão de alta resolução (HRTEM) e da microscopia eletrónica de transmissão de varrimento de alta resolução (HRSTEM) foram comparados. Os resultados da simulação PFC e os resultados da microcaracterização HRTEM revelaram a correlação entre a deslocação e os aglomerados de envelhecimento precoce de Al-Cu. Além disso, o modelo PFC e as observações HRSTEM mostram que a evolução sem equilíbrio dos componentes nos aglomerados iniciais e a sua orientação de crescimento preferida e transformação morfológica de esférico para elipsoide são notavelmente consistentes. Este método descreve com êxito o mecanismo de nucleação e crescimento dos primeiros aglomerados de ligas binárias Al-Cu mediados por deslocações. Recentemente, V. allah et al. [73] utilizaram modelos PFC binários e ternários para estudar a formação e o crescimento de aglomerados iniciais de ligas ternárias diluídas Al-MG-Si temperadas/envelhecidas (ver Figura 1-6). Neste estudo, as alterações do teor de Mg na energia induzida pelo sistema de ligas Al-Mg-Si temperadas/envelhecidas foram analisadas em pormenor, tendo sido revelado que a adição de Mg aumentou efetivamente a força motriz de nucleação, reduziu a energia de superfície e aumentou a libertação de relaxamento da tensão de deslocação associada a aglomerados Cu-Mg ricos em Cu.

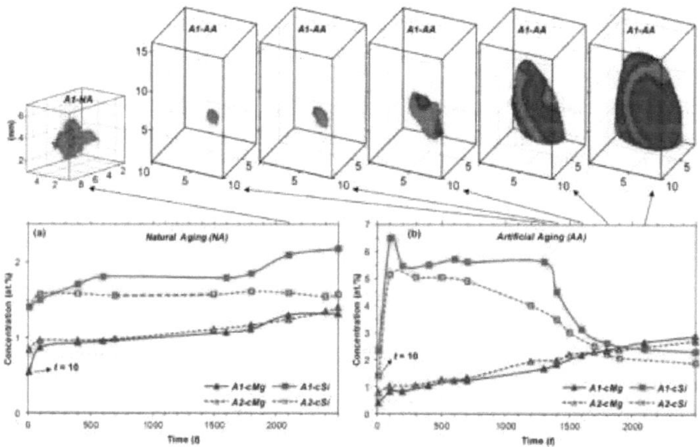

Figura 1-6 A evolução composicional simulada de um aglomerado sobrevivente obtido em ligas *Al-Mg-Si* em condições de (a) envelhecimento natural (NA) e (b) envelhecimento artificial (AA) [73]

(3) No domínio da deformação nanocristalina, Stefanovic et al. [74] utilizaram um modelo PFC melhorado (M-PFC) para estudar o processo de evolução dos limites de grão de policristais nanocristalinos sob deformação por tração, com base no efeito de deformação acoplada auto-consistente do PFC tradicional, e revelaram o efeito anti-Hall-Petch durante a deformação nanocristalina. Hirouchi et al. [75] estudaram o

processo de deformação plástica dominado pela rotação e migração de grãos e pelo movimento de deslocação na deformação de cristais gémeos nanocristalinos e policristalinos. Gao et al. [76] estudaram o processo de decomposição dos limites de grão e a aniquilação de sublimites de grão nanocristalinos durante a deformação por tração a alta temperatura. Gao et al. [77] também estudaram o comportamento de deslocação e propagação de fendas em fendas nanométricas sob carga de tração. Kong et al. [78] estudaram o processo dinâmico de migração de deslocações nos limites de grão e o crescimento da nucleação por deformação de grãos deformados bidimensionais utilizando o método PFC.

(4) O modelo PFC é também amplamente utilizado no domínio da transição cristal-fusão e da transição de fase sólida. Em termos de crescimento epitaxial, Huang et al. [79] estudaram a segregação da superfície e a mistura interfacial e o crescimento da camada de deformação em estruturas heterogéneas de liga, mostrando os efeitos dos diferentes tamanhos atómicos e da fluidez dos componentes de liga nas estruturas de liga. Para a transformação de fase sólida, Greenwood et al. [80] ajustaram a interação entre duas funções de correlação pontual de diferentes faces cristalinas através de uma função exponencial gaussiana e estudaram o processo de transformação de fase de diferentes materiais de estrutura bidimensional. Pode prever-se que, no futuro, o modelo PFC seja mais amplamente utilizado no domínio da simulação da microestrutura dos materiais.

1.4.2 Estado da investigação sobre a simulação de campos em fase contínua

O modelo inicial de campo de fase contínua estudou principalmente a transformação de fase sólido-líquido, incluindo o crescimento de dendrite durante a solidificação de material puro, o crescimento de dendrite considerando a convecção da fusão, o crescimento de dendrite de liga binária e liga ternária, etc. Com a contribuição da elastoplasticidade, do campo elétrico, do campo magnético e de outros campos externos para o funcional de energia total do campo de fase, o modelo de campo de fase contínuo mostrou uma vantagem única na quantificação das transições de fase no estado sólido.

No estudo da precipitação de ligas durante o envelhecimento, Han et al. [81] estabeleceram um modelo de campo de fases considerando a anisotropia da interface e a energia de deformação elástica, e simularam o processo de precipitação da fase multivariávelβ $_{\text{-Mg(17)}}Al_{12}$ durante o envelhecimento de ligas Mg-Al. O modelo utiliza um método numérico especial baseado em grelhas hexagonais e ortogonais para lidar com a orientação da fase precipitada e calcular a energia de deformação elástica, revelando a contribuição da anisotropia da interface e da energia de deformação elástica na evolução da fase precipitada. Zhu et al. [82] estudaram a evolução dinâmica do engrossamento da fase γ' em ligas binárias Ni-Al utilizando a simulação tridimensional do campo de fases. Utilizando o método CALPHAD para criar a base de dados termodinâmica do sistema, foram obtidas informações sobre a energia livre e a mobilidade da difusão atómica. A simulação do campo de fases adopta diretamente os valores experimentais da energia interfacial, as constantes elásticas e os desajustes da rede são utilizados para prever a evolução da morfologia da faseγ' a uma dada temperatura e composição, e a função do tamanho médio da fase precipitada e a distribuição do tamanho com o tempo são obtidas. O processo de simulação tridimensional da evolução do campo de fases dosγ' 'precipitados na liga Ni-Al é mostrado na Figura 1-7.

No campo da investigação elastoplástica de transformação de fase em estado sólido, Guo et al. [83] estabeleceram um modelo de campo de fase elastoplástica para simular a evolução da morfologia da precipitação de hidretos em materiais de bloco de Zr sem defeitos e com defeitos. Neste modelo de campo de fase, para além de descrever a diferença de orientação dos hidretos com parâmetros de programa longo e a concentração de componentes dos hidretos com parâmetros de conservação, a deformação plástica é também utilizada como um parâmetro de nova ordem para descrever a distribuição de tensões em torno do hidreto. Os resultados da simulação mostram que a deformação plástica reduz significativamente o nível de tensão em torno do hidreto. Além disso, a tensão externa não só desempenha um papel importante na evolução da morfologia da precipitação do hidreto, como também gera tensão de tração no interior das partículas de hidreto, resultando em fissuras no hidreto. A distribuição da tensão na matriz elástica e plástica é apresentada na Figura 1-8.

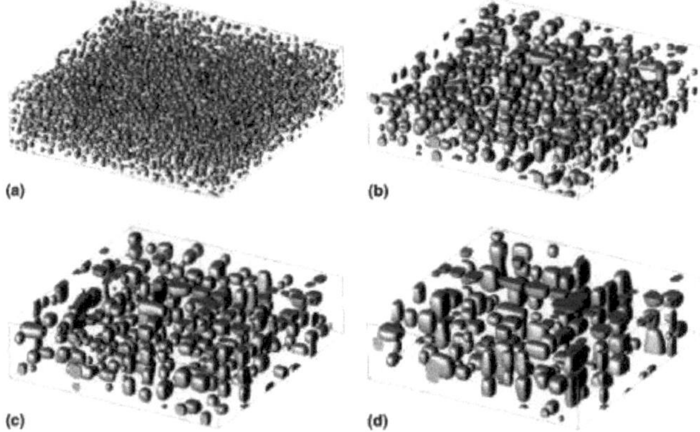

Figura 1-7 Evolução morfológica dos precipitados γ' a partir de simulações 3D numa liga de Ni-13,8 at% Al envelhecida a 1023 K: (a) t=15 min, (b) t=2 h, (c) t=4 h, (d) t=8 h o tamanho do domínio computacional é 160×640×640 nm

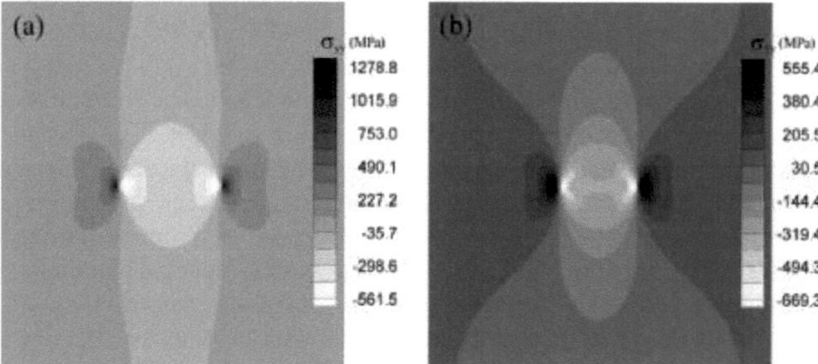

Figura 1-8 Distribuição de tensõesσ_{yy} (a) em matriz elástica e (b) em matriz elastoplástica

No estudo da microestrutura de ligas de alumínio endurecidas por envelhecimento, Vaithyanathan et al. [84] integraram parâmetros à escala atómica com o modelo de campo de fases para prever a evolução morfológica deθ'. Analisaram as influências da energia livre termodinâmica, dos parâmetros da rede, das constantes elásticas anisotrópicas e da energia interfacial na morfologia deθ'. Da mesma forma,

Kim et al. [85] calcularam os parâmetros de energia elástica e interfacial no modelo de campo de fase usando métodos de primeiros princípios e aplicaram o modelo de campo de fase para investigar a morfologia de equilíbrio da faseθ' (Al_2Cu) em ligas Al-Cu. O seu estudo também considerou os efeitos do desajuste do módulo elástico (inomogeneidade elástica) entre Al e θ' , bem como a anisotropia elástica e a anisotropia de deformação tetragonal, na evolução deθ' . Além disso, a contribuição das propriedades elásticas para a morfologia dos precipitados de θ' foi sistematicamente examinada.Hu et al. [86] estudaram o comportamento de precipitação deθ' (Al_2Cu) na liga Al-Cu-Cd usando simulação de campo de fase. Os resultados mostram que a relação diâmetro-espessura da fase plana θ' depende principalmente da energia da interface coerente deθ'/Al . Além disso, a resistência ao escoamento de diferentes ligas Al-Cu-Cd durante o envelhecimento é prevista pela combinação do modelo de campo de fase e do modelo de reforço da precipitação, e os resultados previstos estão em boa concordância com os dados experimentais. Recentemente, Liu et al. [87] estudaram o caminho detalhado da evolução da rede da rede α-Al para a redeθ' e investigaram os efeitos da deslocação na nucleaçãoθ' e no comportamento de crescimento. Atualmente, o modelo de campo de fase contínua pode acoplar diretamente a base de dados termodinâmica CALPHAD e pode considerar a influência de todos os campos externos (elastoplasticidade, elétrico, magnético, etc.) na transição de fase no estado sólido, o que expande grandemente a sua gama de aplicações.

1.5 Seleção do tema e conteúdo da investigação do presente documento

A investigação deste tópico pertence ao projeto de investigação cooperativa internacional (regional) chave da Fundação Nacional de Ciências Naturais da China "A evolução da estrutura tridimensional multi-escala e a sua lei quantitativa de correlação com as propriedades mecânicas em todo o processo de envelhecimento da liga de alumínio". O projeto visa atingir dois objectivos: em primeiro lugar, obter a composição, a estrutura e as alterações energéticas da região de cluster /G.P, a fase metaestável e a evolução da fase estável; em segundo lugar, foi desenvolvido um software de simulação multi-nível/multiescala multi-fase com termodinâmica de acoplamento em tempo real, dinâmica e base de dados de propriedades térmicas para fornecer um método de cálculo fiável para a simulação da evolução da microestrutura tridimensional do processo de reforço do envelhecimento da liga de alumínio.

As propriedades da liga de alumínio reforçada pelo envelhecimento estão intimamente relacionadas com a sua estrutura interna multicamada e com o fluxo do processo a que foi submetida. Atualmente, a microestrutura dos materiais de liga de alumínio é estudada principalmente através de várias técnicas de caraterização experimental para obter uma compreensão qualitativa e quantitativa da microestrutura do material. A maior parte do trabalho realizado na experiência é uma pesquisa de cristalografia geométrica estática, e várias explicações teóricas são baseadas em resultados experimentais estáticos, ignorando a termodinâmica e a dinâmica do processo de precipitação de envelhecimento. Para o processo de precipitação de envelhecimento da liga de alumínio, há falta de modelos de campo de fase que considerem de forma abrangente a anisotropia de energia interfacial e a energia de deformação elástica em termos de dinâmica de crescimento e que correspondam bem aos resultados experimentais. Como resultado, a compreensão atual do mecanismo de evolução da microestrutura da liga de alumínio reforçada pelo envelhecimento é incompleta, o que se pode refletir nos seguintes aspectos:

(1) O processo de formação de aglomerados nos limites dos grãos é complicado e difícil de observar devido à complexidade da estrutura dos limites dos grãos. Atualmente, o mecanismo microscópico e a informação à escala atómica de uma série de processos de transformação estrutural, tais como o enriquecimento de soluto nos limites do grão, a formação de aglomerados, a estrutura ordenada da região G.P e a formação de fases precipitadas estáveis durante o processo de envelhecimento da liga de alumínio, não foram claramente explicados.

(2) Existem muitos tipos de fases precipitadas de ligas de alumínio reforçadas pelo envelhecimento, e existem muitas variantes de fases precipitadas, e a relação de fase com a matriz de alumínio é complexa, por isso é difícil caraterizar o processo de precipitação de todas as variantes no experimento. Atualmente, é impossível estudar a influência de vários factores energéticos (energia livre de transição de fase, energia de deformação elástica, energia interfacial, etc.) na formação da fase precipitada, e o mecanismo de formação das caraterísticas morfológicas da fase precipitada de envelhecimento da liga de alumínio ainda não é claro.

(3) As partículas precipitadas podem efetivamente atrasar ou mesmo impedir a migração dos limites de grão policristalino para atingir o objetivo de refinar o grão e reforçar a liga. Atualmente, não existe uma análise dinâmica deste processo e a lei da influência das partículas precipitadas no tamanho limite do grão não é clara.

(4) No caso dos nanocristais de liga de alumínio, a rotação do grão é considerada um fenómeno de deformação plástica à temperatura ambiente. No entanto, o mecanismo subjacente ainda não é claro, principalmente porque o processo de deslizamento da deslocação nos nanocristais está quase completamente diminuído e a energia da interface à temperatura ambiente não é suficiente para desencadear o deslizamento dos limites do grão. A forma de mediar a deformação plástica à temperatura ambiente ainda não foi resolvida.

Em suma, as seguintes pesquisas serão realizadas neste tema para o processo de evolução da microestrutura da liga de alumínio reforçada por envelhecimento:

(1) Tomando como exemplo a liga binária 2XXX Al-Cu, o modelo microscópico de campo de fases é utilizado para simular o enriquecimento, a segregação, a formação de aglomerados de átomos de Cu soluto nos limites de grão e o processo de evolução da microestrutura mesofásica. Foram analisados os efeitos de diferentes limites de grão na segregação do soluto.

(2) O processo de crescimento e engrossamento da fase precipitadaβ'' (Mg_5Si_6) na liga Al-Mg-Si da série 6XXX é tomado como exemplo para explorar vários factores energéticos que afectam a morfologia, o tamanho e a composição da fase precipitada durante o envelhecimento. É estabelecido um modelo de campo de fases da evolução da fase precipitada considerando a anisotropia da interface e a energia de deformação microelástica.

(3) Foram estudados os efeitos da fração volumétrica, do tamanho e da morfologia das partículas da fase precipitada na migração dos limites dos grãos policristalinos. Foi investigada a relação entre o tamanho da fase precipitada e o tamanho limite do grão policristalino.

(4) O mecanismo de deformação plástica de materiais nanocristalinos foi estudado através da comparação de simulações microscópicas e de campo de fase contínua. É investigada a relação quantitativa entre a evolução da deslocação dos limites dos grãos e a orientação dos limites dos grãos adjacentes e a rotação dos grãos durante a deformação plástica.

Capítulo 2 Modelos de campos de fase microscópicos e contínuos e soluções numéricas

2.1 Introdução

Com o desenvolvimento contínuo da teoria da computação dos materiais, os investigadores têm feito grandes esforços no desenvolvimento da tecnologia de simulação da microestrutura dos materiais [14,88,89]. O modelo de campo de fases é uma das ferramentas de cálculo teórico que tem recebido grande atenção nas últimas três décadas e tem sido capaz de simular uma série de processos de evolução da microestrutura dos materiais, tais como o crescimento do grão [62], a precipitação por envelhecimento [90], o efeito piezoelétrico [91], os danos por radiação [92,93], etc. Desempenha uma função de previsão muito importante na simulação dinâmica da microestrutura de materiais tradicionais e materiais funcionais. Os processos de evolução do material, tais como a segregação dos limites do soluto [94,95], a precipitação interna do envelhecimento do grão [96,97], o crescimento do grão [98,99], o efeito de "fixação" das partículas de segunda fase na migração dos limites do grão [54] e a deformação plástica dos materiais sob tensão externa durante a evolução da microestrutura da liga de alumínio reforçada pelo envelhecimento abrangem diferentes escalas espaciais e temporais. Atualmente, não foi criado um quadro unificado de campo de fases para simular o processo de evolução da microestrutura multinível dos materiais.

Ao adicionar a contribuição do campo externo à função de energia total do campo de fase, o modelo de campo de fase contínua pode estudar o mecanismo de resposta da estrutura interna do material sob a ação de diferentes campos (elasticidade, campo elétrico, campo magnético, etc.) e simular a evolução da microestrutura do material através do cálculo do diagrama de fase de acoplamento (CALPHAD) de dados térmicos e dinâmicos.Uma vez que o modelo de campo de fase contínua descreve a evolução da microestrutura e dos microcomponentes dos materiais através da variável de campo aproximada pelo campo médio, o funcional de energia do modelo não envolve a energia potencial da interação interatómica, pelo que é difícil descrever a informação à escala atómica dos processos materiais, tais como a segregação do soluto na fronteira atómica do grão e a rotação do grão nanocristalino. Em 2002, Elder et al. [66,100] alargaram o modelo tradicional de campo de fases e propuseram um modelo cristalino de campo de fases que pode refletir a informação sobre a evolução dos materiais à escala atómica. A teoria dos cristais de campo de fase pode simular a evolução da microestrutura do material à escala temporal e espacial da difusão, e o modelo pode incluir de forma auto-consistente propriedades físicas causadas pela disposição periódica da estrutura dos cristais, como a plasticidade elástica [66]. O estudo comparativo dos modelos de campos de fase a diferentes escalas é útil para compreender o mecanismo interno do processo de deformação plástica dos materiais. Por estas razões, neste capítulo serão introduzidos os modelos de campo de fase microscópicos e os modelos de campo de fase contínuos, bem como as correspondentes soluções numéricas.

2.2 Modelo de campo de fase microscópico

O modelo de campo de fase cristalino (PFC) é um dos métodos numéricos para descrever a evolução da microestrutura à escala atómica dos materiais e pertence à categoria de campo de fase microscópico. O modelo foi proposto pela primeira vez em 2002 por Elder e Grand et al. [66] depois de explorar a natureza do fenómeno de que um grande número de sistemas físicos tem estruturas periódicas. O modelo foi desenvolvido aplicando o padrão morfológico evolutivo do modelo dinâmico do sistema convectivo de Rayley-Bernard [101,102] ao processo de transformação de fase sólido-líquido dos materiais. Assim, é estabelecida a primeira versão do modelo de cristal de campo de fase. A versão original do modelo de cristal de campo de fase carecia de conhecimentos de teoria física. Em 2007, Elder et al. [103] partiram da Teoria Clássica do Funcional da Densidade (CDFT). Na CDFT (Teoria do Funcional da Densidade Cúbica), o núcleo do funcional de energia livre é representado pela função de correlação de dois pontos C2, que pode ser caracterizada por três parâmetros: a constante de rede, o módulo de massa do cristal e a compressibilidade isotérmica da fase líquida. A expansão do funcional de energia livre no modelo de cristal de campo de fase é derivada de um ajuste polinomial de quarta ordem do primeiro pico da função de correlação de dois pontos C2, negligenciando as contribuições de outros subpicos. Esta simplificação optimiza significativamente o modelo e aumenta a eficiência computacional. Utilizando a equação dinâmica de Swift-Hohenberg e as suas extensões[104], os modelos de cristais de campo de fase existentes são capazes de descrever uma variedade de processos dinâmicos, incluindo o crescimento de grão[105], a segregação atómica[106], a propagação de fendas[107], a deformação elastoplástica[108], a homo/heteroepitaxia[109] e o movimento de defeitos cristalinos[110].

Com o desenvolvimento da teoria do modelo cristalino de campo de fase, diferentes investigadores propuseram diferentes formas de funcional de energia livre PFC para descrever estruturas cristalinas complexas. A flexibilidade do funcional de energia expande consideravelmente a gama de aplicações deste modelo. Por exemplo, Jaatinen et al. [111] obtiveram o modelo de campo de fase de um cristal monomodo de ordem superior após ajustarem o polinómio de 8ª ordem do primeiro pico da curva C2. Com base neste modelo, foi construído o diagrama de fases da coexistência da fase líquida e da estrutura cúbica centrada no corpo (BCC), e as propriedades anisotrópicas da interface da fase ferro-líquido da BCC foram investigadas quantitativamente. Verifica-se que os resultados da simulação estão de acordo com a simulação MD. Além disso, se o primeiro pico e o segundo pico da curva C2 forem ajustados polinomialmente ao mesmo tempo, o modo de campo de fase do cristal de dois modos pode ser obtido. Wu et al. [112,113] adoptaram este modelo para realizar a coexistência da estrutura FCC e da fase líquida, e estenderam o modelo. Recentemente, Huang et al. [114] propuseram um modelo de cristal de campo de fase aproximado multimodo, considerando os três primeiros picos principais da curva C2 da função de correlação direta, que pode obter quase todas as fases bidimensionais da rede de Bravais. Em vez de ajustar a função de correlação de dois pontos C2 com polinómios, Greenwood et al. [80] utilizaram funções Gaussianas de sobreposição para ajustar a curva C2 e estabeleceram um modelo de cristal de campo de fase estrutural (XPFC), que pode descrever bem os processos de transição de fase de várias estruturas cristalinas e é fácil de estender a sistemas binários, ternários ou mesmo multivariados.

2.2.1 Modelo cristalino do campo de fase mais antigo

Muitas substâncias na natureza têm estruturas periódicas, como a rede de vórtices de Arbrikosov em supercondutores [115], materiais magnéticos de película fina [116], sistemas óleo-água com tensioactivos [117] e sistemas de convecção Rayley-Bernard [118]. Inspirados no modelo de Swift Hohenberg que descreve a evolução da estrutura periódica, Elder et al. [66] introduziram o termo Laplian de ordem superior no funcional de energia livre tradicional da forma de poço de dois potenciais do campo de fase para obter um modelo de campo de fase cristalino capaz de descrever o processo de evolução da microestrutura à escala atómica. A energia livre original F é a seguinte:

$$F = \int \left(\frac{K_T}{\pi^2} \left[-|\vec{\nabla}\phi|^2 + \frac{\alpha_0^2}{8\pi^2} |\nabla^2\phi|^2 \right] + f(\phi) \right) dV \tag{2-1}$$

$$= \int \left(\phi \frac{K_T}{\pi^2} \left[\nabla^2 + \frac{\alpha_0^2}{8\pi^2} \nabla^4 \right] + f(\phi) \right) dV$$

Onde, K_T e α_0 são os parâmetros fenomenológicos do modelo, e V é o volume espacial simulado. A fórmula (2-1) pode ser reescrita para [66] por simplificação:

$$F = \int \left\{ \frac{\phi}{2} [\alpha + \lambda(q_0^2 + \nabla^2)^2]\phi + g\frac{\phi^4}{4} \right\} dV \tag{2-2}$$

Diferentemente do significado físico das variáveis no modelo tradicional de campo de fase, a variável de meio campo da equação (2-2)ϕ é a densidade de número atómico normalizada do estado de referência relativo (fase líquida). A variável de campo da densidade do número atómicoϕ apresenta uma distribuição periódica na fase sólida e uma constante na fase líquida, como se mostra na Figura 2-1, o que permite que o modelo de campo de fase cristalino descreva a estrutura cristalina, a disposição atómica, os defeitos cristalinos e outras informações relacionadas com a escala atómica na fase sólida e, ao mesmo tempo, pode refletir de forma auto-consistente as caraterísticas periódicas do cristal, como a elastoplasticidade do cristal. Na equação (2-2)q_0 é a posição do primeiro pico do fator de estrutura da fase líquida perto do ponto de fusão, como se mostra na Figura 2-2. O fator de estrutura da fase líquida está diretamente relacionado com a constante de rede do cristal. Na estrutura BCC, a constante de rede é$a = 2\sqrt{2}\pi/q_0$. Na estrutura FCC, .$a = 2\sqrt{3}\pi/q_0$

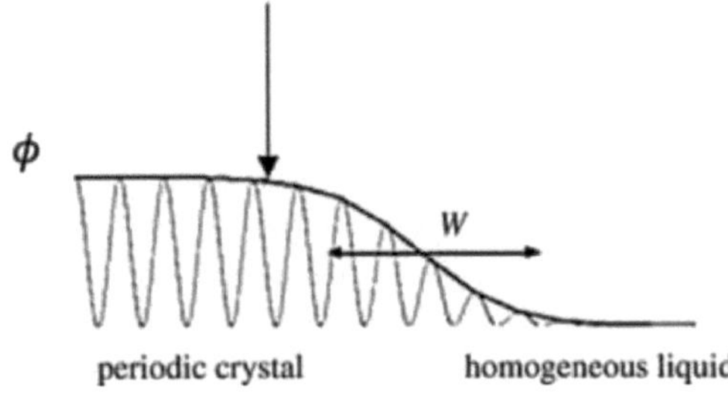

Figura 2-1 Distribuição do campo de densidade do número atómicoϕ nas fases sólida e líquida no modelo de cristal de campo de fase [119]

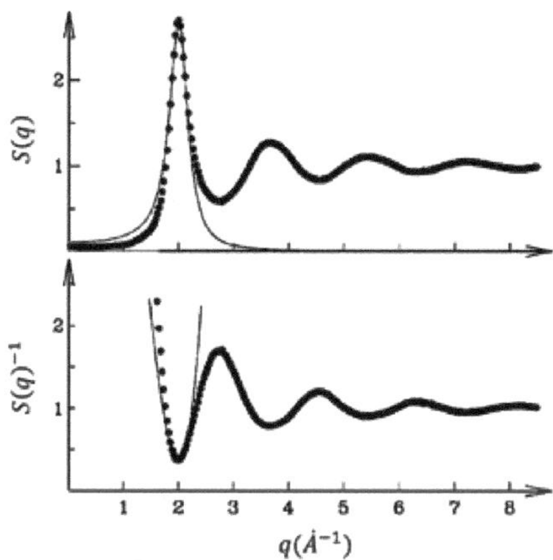

Figura 2-2 Os pontos correspondem a um fator de estrutura líquida experimental para o Ar a 85K. (A linha sólida é o ajuste do primeiro pico dos dados) [120]

Os parâmetrosα eλ na equação (2-2) podem ser obtidos através do acoplamento do primeiro pico dos factores estruturais, que em conjunto determinam o coeficiente de compressão da fase líquida, o módulo de elasticidade e as propriedades da interface sólido-líquido.

A densidade do número atómicoϕ é uma variável de campo conservativa a volume constante e a sua evolução no tempo pode ser descrita pela equação dinâmica conservada de Cahn-Hilliard. A sua forma específica é:

$$\frac{\partial \phi}{\partial t} = \Gamma \nabla^2 \frac{\delta F}{\delta \phi} \tag{2-3}$$

Onde,Γ é uma constante cinética relacionada com o coeficiente de difusão atómica, e a equação cinética expressa pela equação (2-3) é formalmente semelhante à equação de difusão instável da segunda lei de Fick. Para simplificar o modelo, é efectuada uma normalização sem dimensões na expressão (2-2) e na equação de evolução dinâmica (2-3). Fazer , ,$\vec{x} = \vec{r} q_0 \psi = \phi\sqrt{g/\lambda q_0^4}\, \varepsilon = -\alpha/\lambda q_0^4\, \tilde{F} = Fg/\lambda^2 q_0^{8-d}$, ,a forma sem dimensão do funcional de energia livre com o seguinte,

$$\tilde{F} = \int \left\{ \frac{\psi}{2}[-\varepsilon + (1+\nabla^2)^2]\psi + \frac{\psi^4}{4} \right\} dV \tag{2-4}$$

Seja$\tau = \Gamma \lambda q_0^6 t$, a equação da dinâmica em forma adimensional pode ser obtida

$$\frac{\partial\psi}{\partial\tau} = \nabla^2\frac{\delta\tilde{F}}{\delta\psi} = \nabla^2\{[-\varepsilon + (1+\nabla^2)^2]\psi + \psi^3\} \quad (2\text{-}5)$$

O modelo cristalino de campo de fase é desenvolvido a partir da teoria do funcional da densidade através de uma simplificação adequada. Ambos utilizam a função de densidade para definir as variáveis e construir o funcional de energia total do sistema. A diferença entre os dois é que são utilizadas diferentes funções de densidade para construir o funcional de energia do sistema . O principal objetivo da teoria do funcional da densidade é substituir a função de onda pela densidade eletrónica como quantidade fundamental. Na teoria do funcional da densidade, a variável mais crítica é a densidade de partículas $n(r)$. No cálculo da estrutura eletrónica para o problema comum de muitos corpos, o núcleo pode ser considerado estacionário. No potencial eletrostático gerado pelo núcleo, é necessário descrever o movimento de um sistema de múltiplas partículas com o maior número possível de electrões. Uma vez que $n(r)$ varia tão dramaticamente perto de posições atómicas, é normalmente necessário expandir $n(r)$ com um grande número de termos de densidade.

$$n(r) = n_0\left(1 + \sum_i u_i e^{iK_i \cdot r}\right) \quad (2\text{-}6)$$

Onde n_0 é a densidade média das partículas, K_i é o vetor de base caraterístico de uma estrutura cristalina específica no espaço recíproco e u_i é a amplitude do vetor de base caraterístico correspondente. A teoria do funcional da densidade requer a consideração do movimento de todos os electrões no potencial eletrostático formado pelo núcleo, o que resulta em escalas espaciais muito pequenas que podem ser estudadas. Além disso, devido à elevada frequência de vibração dos electrões perto do núcleo, a escala temporal que o funcional da densidade pode estudar é também muito pequena. Em contrapartida, o modelo PFC representa o campo de densidade da estrutura caraterística considerando os vectores de base de uma ou várias famílias de faces cristalinas, o que pode simplificar muito o cálculo e alargar as escalas espaciais e temporais da simulação. Por exemplo, o modelo de cristal de campo de fase Elder considera apenas o primeiro tipo de vetor de base da relação de vizinhança mais próxima da estrutura cristalina, que é na realidade uma aproximação de modo único da função de correlação de dois pontos da teoria clássica do funcional da densidade. Mais tarde, Wu et al. propuseram um modelo de aproximação bimodal do primeiro e segundo tipos de vectores de base, considerando os vizinhos mais próximos e os segundos vizinhos mais próximos da estrutura. No cálculo numérico prático, a aproximação monomodo da estrutura cristalina é frequentemente utilizada para fornecer o campo de densidade do cristal inicial. As aproximações monomodo da estrutura cúbica de corpo centrado, da estrutura cúbica de face centrada e da estrutura cristalina hexagonal de empacotamento fechado podem ser resumidas da seguinte forma [66,103].

$$\begin{aligned}\psi_{BCC}(r) = {} & cos(qx)cos(qy) + cos(qy)cos(qz) \\ & + cos(qz)cos(qx)\end{aligned} \quad (2\text{-}7)$$

$$\psi_{FCC}(r) = cos(qx)cos(qy)cos(qz)$$

$$\psi_{Hexagonal}(r) = cos(qx)cos\left(\frac{qy}{\sqrt{3}}\right) - \frac{1}{2}cos\left(\frac{2qy}{\sqrt{3}}\right)$$

Com as funções de densidade atómica aproximadas de modo únicoψ para várias estruturas cristalinas, a distribuição inicial da densidade cristalina pode ser convenientemente dada. Mais importante ainda, os diagramas de fase cristalina de equilíbrio para a variável densidade de número atómico ψ e o parâmetro de temperaturaε podem ser calculados por aproximação de modo único de acordo com a lei de fase de Gibbs, que pode ser utilizada como base para a seleção de parâmetros na simulação prática. No modelo cristalino de campo de fases, o diagrama de fases de equilíbrio é calculado de acordo com o potencial químico igual e o potencial gigante entre diferentes fases. O potencial químico sem dimensão é:

$$\mu = \frac{\delta F}{\delta \psi} = -\varepsilon\psi + (1 + \nabla^2)^2\psi + \psi^3 \tag{2-8}$$

Para calcular o diagrama de fases, é necessário calcular a densidade de energia livre da fase sólida$f_s(\psi_s)$ e a densidade de energia livre da fase líquida$f_l(\psi_l)$ em equilíbrio, respetivamente. Como a densidade do número atómico na fase líquidaψ_l é uma constanteψ_0 , pode ser obtida diretamente da equação (2-4)

$$f_l = (-\varepsilon + 1)\frac{\psi_0^2}{2} + \frac{\psi_0^4}{4} \tag{2-9}$$

Para uma fase sólida, uma solução analítica da densidade de energia livref_s pode ser obtida por aproximação monomodo. Na aproximação monomodo, apenas o vetor recíproco principal da rede é considerado. Em primeiro lugar, para uma estrutura unidimensional em forma de tira, a densidade do número atómico pode ser escrita como

$$\psi_s \approx A_s sin(q_s x) + \psi_0 \tag{2-10}$$

Substituindo (2-10) na equação (2-4), obtém-se a densidade de energia livref_s^S da fase de faixa [66]:

$$f_s^S = \frac{F^S}{L} = \frac{q_s}{2\pi}\int_0^{2\pi/q_s}\left(\frac{\varphi}{2}\omega(\partial_x^2)\psi + \frac{\psi^4}{4}\right) \tag{2-11}$$

$$= \frac{\psi_0^2}{2}\left(\widehat{\omega}_0 + \frac{3}{2}A_s^2 + \frac{\psi_0^2}{2}\right) + \frac{A_s^2}{4}\left(\widehat{\omega}_q + \frac{3}{8}A_s^2\right)$$

Na fórmula,L é o comprimento unitário, , .$\widehat{\omega}_q = -\varepsilon + (1 - q^2)^2$ $\widehat{\omega}_0 = -\varepsilon + 1\widehat{\omega}_q$ é a forma da transformada de Fourier de$\omega(\nabla^2)$. Minimizando a energia livre$F$ em relação à amplitudeA_s obtém-se$A_s^2 = -4(-\varepsilon/3 + \psi_0^2)$. Uma vez que o campo de densidade atómica é um campo de números reais, é necessário queA_s seja um número real, pelo que a condição de existência da solução periódica é$\varepsilon > 3\psi_0^2$. Substituindo a expressão algébrica acima na equação (2-11), o valor mínimo da energia livre da fase sólida pode ser obtido

$$f_s^s = \frac{F^s}{L} = -\frac{\varepsilon^2}{6} + \frac{1+\varepsilon}{2}\psi_0^2 - \frac{5}{4}\psi_0^4 \qquad (2\text{-}12)$$

Para uma estrutura cristalina hexagonal bidimensional, a densidade de aproximação de modo único pode ser escrita como

$$\psi_s = \psi_0 + A_h\left\{cos(q_h x)cos\left(\frac{q_h y}{\sqrt{3}} - \frac{1}{2}cos\left(\frac{2q_h y}{\sqrt{3}}\right)\right)\right\} \qquad (2\text{-}13)$$

Na fórmula, A_h é uma constante desconhecida, e para uma estrutura cristalina hexagonal bidimensional $q_h = 2\pi/a$, onde a é a constante de rede. Substituindo a fórmula (2-13) pela fórmula (2-12) e minimizando-a em relação a A_h e q_h, obtém-se a energia livre sólida mínima da forma

$$\begin{aligned} f_s^h = \frac{F}{S} &= \int_0^{b/2}\frac{dx}{b/2}\int_0^{\sqrt{3}b/2}\frac{dy}{\sqrt{3}b/2}\left(\frac{\varphi}{2}\omega(\nabla^2)\varphi + \frac{\varphi^4}{4}\right) \\ &= -\frac{\varepsilon^2}{10} + \left(-\frac{7}{50}\varepsilon + \frac{1}{2}\right)\varphi_0^2 - \frac{13}{500}\varphi_0^4 \\ &+ \left(\frac{16}{125}\varphi_0^3 - \frac{4}{75}\varepsilon\varphi_0\right)\sqrt{15\varepsilon - 36\varphi_0^2} \end{aligned} \qquad (2\text{-}14)$$

Na equação (2-14), S é a área de rede unitária (monócito). Ao minimizar a energia, é possível obter $q_h = \sqrt{3}/2$ e A_h :

$$A_h = \frac{4}{5}\left(\varphi_0^2 + \frac{1}{3}\sqrt{15\varepsilon - 36\varphi_0^2}\right) \qquad (2\text{-}15)$$

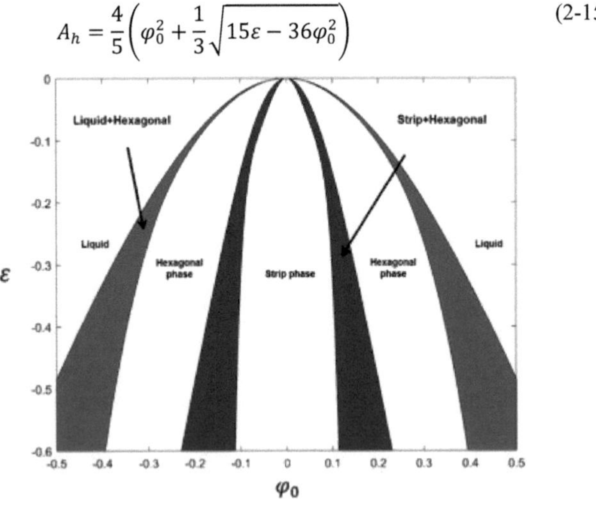

Figura 2-3 Diagrama de fases da densidade do número atómicoφ_0 e do parâmetro de temperaturaε da matéria pura, e a região colorida é a região de coexistência de duas fases

Quando as duas fases coexistem, o potencial químicoμ e o potencial gigante$\omega = f - \mu\varphi_0$ são iguais, ou seja

$$\mu_s = \frac{\partial f_S}{\partial \varphi_0}|_{\varphi_{0,s}} = \mu_l = \frac{\partial f_l}{\partial \varphi_0}|_{\varphi_{0,l}} \equiv \mu_{eq} \tag{2-16}$$

$$w_s = f_s(\varphi_{0,s}) - \mu_s \varphi_{0,s} = w_l = f_l(\varphi_{0,l}) - \mu_l \varphi_{0,l}$$

Resolvendo as equações acima, obtém-se uma série de valores de equilíbrio$\bar{\varphi}$ para a coexistência de duas fases. Por desenho, obtém-se o diagrama de fases da densidade do número atómico -temperatura$\varphi_0 \varepsilon$ da matéria pura, como se mostra na Figura 2-3.

2.2.2 Modelo cristalino de campo de fases de ligas multicomponentes

Um ponto fraco dos primeiros modelos de cristais de campo de fase era o facto de não poderem descrever e controlar sistematicamente estruturas cristalinas complexas e as suas relações de coexistência. Greenwood et al. [121] resolveram as limitações do modelo Elder na descrição de estruturas cristalinas complexas, introduzindo uma classe de funções de correlação direta de dois pontos de picos múltiplos (funções de ajuste gaussianas) contendo caraterísticas CDFT, mantendo a simplificação da eficiência numérica da equação PFC original. Provotas et al. [122] derivaram uma expressão geral para o funcional de energia livre de uma liga com N componentes a partir da teoria clássica do funcional de densidade de energia do ponto de condensação de Ramakrishan e Yussouff, em que cada componente da liga é representado pela variável densidade de probabilidade atómicaρ_i . Neste modelo, a variável de concentração c da composição da liga é redefinida pela variável de densidade de probabilidade atómicaρ_i , que está ligada ao modelo de campo de fase padrão que descreve a transformação de fase das ligas, e pode simular a mudança de fase e a evolução dos componentes em sistemas de ligas com vários elementos.

A função de energia livre do modelo de cristal de campo de fase de estrutura de liga multielemento (XPFC) é composta por duas partes. A primeira parte é a energia livre ideal de Holmholtz ,$\Delta F_{id} \Delta F_{id}$ responsável por conduzir o sistema a um campo uniforme estável. A segunda parte é o excesso de energiaΔF_{ex} , que faz com que o sistema se torne numa estrutura periódica não uniforme, resultando normalmente na heterogeneidade do sistema e em defeitos topológicos, tais como deslocações e interfaces. A expressão do funcional de energia livre total XPFC é [121,123]

$$\frac{\Delta F}{k_B T} = \int dr \left\{ \frac{\Delta F_{id}}{k_B T} + \frac{\Delta F_{ex}}{k_B T} \right\} \tag{2-17}$$

Ondek_B é a constante de Boltzmann, eT representa a temperatura absoluta.

A energia idealΔF_{id} é definida pela entropia de mistura dos grupos$N$ na liga.

Definir as pequenas alterações na densidade de referência do componente como:

$$\frac{\Delta F_{id}}{k_B T} = \sum_{i}^{N} \rho_i ln\left(\frac{\rho_i}{\rho_i^0}\right) - \delta\rho_i \quad (2\text{-}18)$$

Onde N representa o número de elementos constituintes do sistema, correspondentes aos componentes A,B,C,... no sistema material. . ρ_i representa a densidade de probabilidade atómica do componente i , e ρ_i^0 representa a densidade do estado de referência do componente i na fase líquida. De acordo com o modelo PFC anterior, a densidade de probabilidade do material total $\rho = \sum_i^N \rho_i$, a densidade do estado de referência do material total $\rho^0 = \sum_i^N \rho_i^0$. Definir a concentração $c_i = \rho_i/\rho$ e a concentração correspondente do estado de referência $c_i^0 = \rho_i^0/\rho^0$. Além disso, por conveniência, define-se a densidade de massa sem dimensão $n = \rho/\rho^0 - 1$. A partir da definição acima, a restrição de concentração $\sum_i c_i \equiv 1$ pode ser obtida, e a equação (2-18) pode ser simplificada para a forma adimensional:

$$\frac{\Delta F_{id}}{k_B T \rho^0} = (n+1)\ln(n+1) - n + (n+1)\sum_{i}^{N} c_i ln\frac{c_i}{c_i^0} \quad (2\text{-}19)$$

O excesso de energia tem parcialmente em conta as interações entre pares de átomos, tais como as interações entre A-A, B-B,..., N-N, A-B,..., A-N,.... Esta parte da energia pode ser expressa da seguinte forma:

$$\frac{\Delta F_{ex}}{k_B T} = -\frac{1}{2}\int d\mathrm{r}' \sum_{i}^{N}\sum_{j}^{N} \delta\rho_i(r)\, C_2^{ij}(r,\mathrm{r}')\delta\rho_j(\mathrm{r}') \quad (2\text{-}20)$$

Onde C_2^{ij} representa a função de correlação de dois pontos de todas as combinações, assumindo que a função de correlação entre os componentes i e j （i, $j = A, B, C, \ldots N$ ） é isotrópica （$C_2^{ij}(r,\mathrm{r}') = C_2^{ij}(|r-\mathrm{r}'|)$ ）. A partir daqui, pode obter-se

$$\int d\mathrm{r}'\, C_2^{ij}(|r-\mathrm{r}'|)n(\mathrm{r}')c_i(\mathrm{r}') \quad (2\text{-}21)$$

$$\approx c_i(r)\int\int d\mathrm{r}'\, C_2^{ij}(|r-\mathrm{r}'|)n(\mathrm{r}')$$

Para a expansão de Taylor 2-19, a expressão funcional da energia livre do sistema de liga de N componentes é obtida como

$$F = \int dr \left\{ \begin{array}{c} \frac{n^2}{2} - \eta \frac{n^3}{6} + \chi \frac{n^4}{12} + \omega \Delta F_{mix}(\{c_i\})(n+1) \\ -\frac{1}{2} n \int dr' C_{eff}(|r - r'|) n' + \frac{1}{2} \sum_{i,j}^{N} k_{ij} \nabla c_i \cdot \nabla c_j \end{array} \right\} \quad (2\text{-}22)$$

Entre

$$C_{eff}(|r - r'|) = \sum_{i,j}^{N} c_i c_j C_2^{ij}(|r - r'|) \quad (2\text{-}23)$$

A equação de evolução dinâmica (Cahn-Hilliard) para o campo da densidade do nú mero atómico sem dimensão n é a seguinte

$$\begin{aligned} \frac{\partial n}{\partial t} &= \nabla \cdot \left(M_n \nabla \frac{\delta F}{\delta n} \right) + \xi_n \\ &= \nabla \cdot \left(M_n \nabla \left\{ n - \eta \frac{n^2}{2} + \chi \frac{n^3}{3} + \omega \Delta F_{mix}(\{c_i\}) - C_{eff} n \right\} \right) \\ &\quad + \xi_n \end{aligned} \quad (2\text{-}24)$$

A equação de evolução cinética da concentração (Cahn-Hilliard) é a seguinte

$$\begin{aligned} \frac{\partial c_i}{\partial t} &= \nabla \cdot \left(M_{c_i} \nabla \frac{\delta F}{\delta c_i} \right) + \xi_{c_i} \\ &= \nabla \cdot \left(M_{c_i} \nabla \left\{ \omega (n+1) \frac{\delta \Delta F_{mix}}{\delta c_i} - \frac{1}{2} n \frac{\delta C_{eff}}{\delta c_i} n - \kappa_i \nabla^2 c_i \right\} \right) \\ &\quad + \xi_{c_i} \end{aligned} \quad (2\text{-}25)$$

2.3 Modelo de campo em fase contínua

O modelo original de campo de fase contínua foi proposto pela primeira vez por Alain Karma et al. [124-126] como um método para descrever o crescimento de dendrite durante a solidificação de ligas, e este estudo recebeu grande atenção como um trabalho pioneiro na simulação quantitativa. Inspirados por este facto, Steinbach et al. [88,127,128] propuseram um modelo de campo de fases multielementar e multifásico, que generalizou o âmbito de aplicação do modelo de campo de fases de uma única simulação de solidificação para a capacidade de descrever a evolução microestrutural no processamento de materiais, envolvendo uma vasta gama de materiais e processos, incluindo a evolução microestrutural durante a vida útil e o serviço. O modelo de campo multifásico pode não só considerar o campo de fase e o campo de componente de fase para refletir o processo de evolução dinâmica da microestrutura interna e da composição da liga do material, mas também pode ser acoplado ao campo elástico, ao campo elétrico, ao campo magnético e a outros campos externos, de modo a que o modelo possa descrever com maior precisão o processo de transformação da fase sólida do material, tal como o reforço do envelhecimento da liga de alumínio.

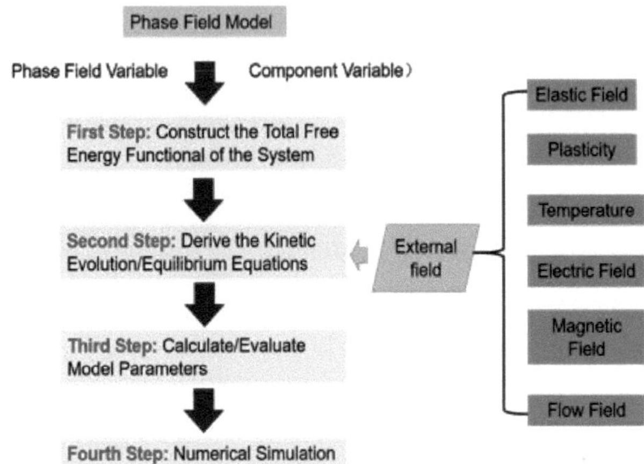

Figura 2-4 Etapas de investigação do acoplamento do campo externo no modelo de campo de fase

Como mostra a Figura 2-4, são apresentadas as etapas de investigação do modelo de campo de fase da ação de campos externos acoplados, nomeadamente: construção do funcional de energia, derivação da equação de evolução (ou de equilíbrio), cálculo (ou recolha) de parâmetros e, finalmente, simulação numérica. O trabalho de acoplamento de outros campos externos (tais como campos magnéticos, campos de temperatura, etc.) também pode ser efectuado com referência a esta ideia.

Para um sistema de liga polifásica multielementar, a variável de campo de fase$\phi_\alpha(r,t)$ representa a fração de fase local no espaço simulador$r$. Assim, a fração de fase de cada ponto da rede na região satisfaz a condição de normalização [128]:

$$\sum_{\alpha=1}^{N} \phi_\alpha(r,t) = 1 \tag{2-26}$$

As variáveis $C_{I,\alpha}(r,t)$ representam a concentração do soluto I na fase α , se$C_I(r,t)$ representar a concentração total do soluto$I$, então, a partir da conservação da massa:

$$\sum_{\alpha=1}^{N} \phi_\alpha(r,t) C_{I,\alpha}(r,t) = C_I(r,t) \tag{2-27}$$

2.3.1 A função energia total

A evolução da microestrutura dos materiais é um processo em que a energia total do sistema diminui continuamente. Em geral, a energia total do sistema pode ser composta pelas seguintes partes: energia de interface, energia química livre, energia elástica e alguma outra energia adicional trazida pelo campo externo. A essência do modelo de campo de fase consiste em estabelecer as equações de evolução das diferentes variáveis de campo utilizando o princípio da minimização da energia total. Assim, o primeiro passo para simular o processo material é construir o funcional de energia$F$ do sistema. No caso de um campo elástico, a energia do sistema pode ser expressa da seguinte forma [128]:

$$F = \int f\, d\Omega = \int (f^{IN} + f^{CH} + f^{EL}) d\Omega \tag{2-28}$$

Entre elas, ,$f^{IN} f^{CH}$ ef^{EL} representam a densidade de volume da energia de interface, a energia livre química da fase corporal e a energia elástica, respetivamente, e as suas expressões específicas serão dadas e explicadas uma a uma.

2.3.2 Densidade de energia da interface

Existem regiões de fase e regiões de domínio com estruturas diferentes na microestrutura dos materiais, e será gerada uma contribuição adicional de energia devido à diferença de composição ou estrutura em ambos os lados da interface. No modelo de campo multifásico de Steinbach, a densidade de energia da interfacef^{IN} é expressa da seguinte forma:

$$f^{IN} = \sum_{\alpha,\beta}^{N} \frac{4\sigma_{\alpha\beta}}{\eta} \left\{ -\frac{\eta^2}{\pi^2} [\nabla\phi_\alpha(r,t)] \cdot [\nabla\phi_\beta(r,t)] + W_{\alpha\beta} \right\} \tag{2-29}$$

Onde,$\sigma_{\alpha\beta}$ indica a energia da interface entre diferentes fases. Em geral,$\sigma_{\alpha\beta}$ é uma função do ângulo de inclinação e da diferença de orientação da interface, e$\sigma_{\alpha\beta}$ é uma constante quando apenas a isotropia da interface é considerada.$W_{\alpha\beta}$ é um obstáculo duplo, definido como:

$$W_{\alpha\beta} = \begin{cases} \phi_\alpha(r,t)\phi_\beta(r,t), 0 < \phi_\alpha(r,t)\phi_\beta(r,t) < 1 \\ \infty, else \end{cases} \tag{2-30}$$

Esta definição mantém a interface direita.η indica a espessura da interface de difusão, que é geralmente de 5 a 6 passos espaciais .Δx

2.3.3 Densidade de energia livre química

A energia livre química total do sistema é a soma ponderada da energia livre química de todas as fases do sistema, expressa como [129]:

$$f^{CH} = \sum_{\gamma=1}^{N} \phi_\gamma(r,t) f_\gamma\left(T, c_{1,\gamma}(r,t), c_{2,\gamma}(r,t), \cdots, c_{n-1,\gamma}(r,t)\right) \tag{2-31}$$

Onde $\gamma = 1 \dots \mathrm{N}$, representa todas as fases possíveis no sistema, f_γ representa a energia livre química da fase γ , em função da temperatura T e do componente c , enquanto ϕ_γ representa a fração de fase. Para descrever a transferência de concentração de fase entre fases, o termo de equilíbrio de concentração é adicionado à densidade de energia livre química

$$c_{I,\alpha\beta}(r,t) - \phi_\alpha(r,t)c_{I,\alpha}(r,t) - \phi_\beta(r,t)c_{I,\beta}(r,t) = 0 \tag{2-32}$$

Assim, a densidade de energia livre química total do sistema é definida como:

$$f^{CH} = \sum_{\gamma=1}^{N} \phi_\gamma(r,t) f_\gamma\left(T, c_{1,\gamma}(r,t), c_{2,\gamma}(r,t), \cdots, c_{n-1,\gamma}(r,t)\right) + \sum_{I=1}^{n-1} \lambda_{I,\alpha\beta}\left(c_{I,\alpha\beta}(r,t) - \phi_\alpha(r,t)c_{I,\alpha}(r,t) - \phi_\beta(r,t)c_{I,\beta}(r,t)\right) \tag{2-33}$$

$\lambda_{I,\alpha\beta}$ A fase estável do sistema, cuja expressão da energia livre de Gibbs molar $g\gamma$ pode ser extraída da base de dados CALPHAD. A relação entre a densidade de energia livre química e a energia livre de Gibbs molar é a seguinte [130]:

$$f_\gamma\left(T, c_{1,\gamma}(r,t), c_{2,\gamma}(r,t), \cdots, c_{n-1,\gamma}(r,t)\right) = \frac{1}{V_m} g_\gamma\left(T, c_{1,\gamma}(r,t), c_{2,\gamma}(r,t), \cdots, c_{n-1,\gamma}(r,t)\right) \tag{2-34}$$

V_m representa um volume molar, geralmente tomado como uma constante.

2.3.4 Densidade de energia elástica

A estrutura cristalina das diferentes fases é diferente no processo de simulação da precipitação do envelhecimento da liga de alumínio. Porque a descontinuidade da estrutura cristalina na interface causará distorção da rede (extrusão ou contração), e a energia extra gerada pela distorção é chamada energia de distorção elástica. Este artigo seguirá a definição da parte elástica no modelo de campo multifásico, ou seja, a densidade de energia elástica é definida como a sobreposição linear da densidade de energia elástica de todas as fases numa determinada parte do sistema [15]:

$$f^{EL} = \sum_{\alpha=1}^{N} \phi_\alpha(r,t) f_\alpha^{EL}$$ (2-35)

$$= \sum_{\alpha=1}^{N} \frac{1}{2} \{\phi_\alpha(r,t)[\varepsilon_{ij,\alpha}^{Tot}(r,t) - \varepsilon_{ij,\alpha}^{*}]\} C_\alpha^{ijkl} [\varepsilon_{kl,\alpha}^{Tot}(r,t) - \varepsilon_{kl,\alpha}^{*}]$$

Entre eles, $\varepsilon_{ij,\alpha}^{*}$ representa a deformação Eigen da fase α (Deformação Eigen), e $\varepsilon_{ij,\alpha}^{Tot}(r,t)$ representa o tensor de deformação total do sistema na fase α em ,$r\varepsilon_{ij,\alpha}^{Tot}(r,t) - \varepsilon_{ij,\alpha}^{*}$ pode ser entendido como a quantidade real de "compressão" ou "alongamento" da fase α sob tensão. Se a mola for utilizada como analogia, então $\varepsilon_{ij,\alpha}^{*}$ é equivalente ao comprimento original da mola, e $\varepsilon_{ij,\alpha}^{Tot}(r,t) - \varepsilon_{ij,\alpha}^{*}$ é a variável de forma real da mola. Em geral, a fase da matriz (fase-mãe) M no sistema é utilizada como referência, e a matriz de deformação Eigen na matriz é:

$$\varepsilon_{ij,M}^{*} = 0 = \begin{pmatrix} 0 & 0 & 0 \\ 0 & 0 & 0 \\ 0 & 0 & 0 \end{pmatrix}$$ (2-36)

Através da relação de fase da fase de inclusão α e da fase matriz M cristal, podem ser calculados os valores específicos das três deformações principais na matriz de deformação Eigen $\varepsilon_{ij,\alpha}^{*}$ da fase α em relação à fase matriz M . C_α^{ijkl} indica a fase α da matriz da constante elástica (tensor da constante elástica), que pode ser obtida por cálculo de primeiros princípios. Deve-se notar que a matriz constante elástica e a matriz de deformação intrínseca da fase matriz e da fase precipitada são obtidas em relação aos seus próprios sistemas de coordenadas. No estudo específico, a fase precipitada evolui na matriz, e a matriz de correlação da fase precipitada precisa ser transformada por transformação de coordenadas. (x,y,z) assumido como o sistema de coordenadas original, o sistema de coordenadas alvo (x',y',z') é obtido girando α 、 θ 、 β ângulos através do eixo X-Y-Z, e as relações de conversão de coordenadas como segue:

$$\begin{pmatrix} x' \\ y' \\ z' \end{pmatrix} = M \begin{pmatrix} x \\ y \\ z \end{pmatrix}$$ (2-37)

M é uma matriz de transformação ortogonal, na forma de:

$$M = \begin{bmatrix} cos\beta cos\alpha - cos\theta sin\alpha sin\beta & cos\beta sin\alpha + cos\theta cos\alpha sin\beta & sin\beta sin\theta \\ -sin\beta cos\alpha - cos\theta sin\alpha cos\beta & -sin\beta sin\alpha + cos\theta cos\alpha cos\beta & cos\beta sin\theta \\ sin\theta cos\alpha & -sin\theta cos\alpha & cos\theta \end{bmatrix}$$

Normalmente, o tensor da constante elásticaC_{α}^{ijkl} e a deformação intrínseca$\varepsilon_{ij,\alpha}^{*}$ também dependem das distribuições da temperatura e da concentração de fases do sistema. Para evitar discussões complicadas, os efeitos da concentração de fases$c$ e da temperatura T sobre a constante elástica e a deformação intrínseca serão temporariamente ignorados neste documento.

2.3.5 Evolução do campo de concentração de fases

O processo de troca atómica dentro de qualquer elemento de volume de referência e o processo de troca atómica entre elementos de volume de referência adjacentes são independentes um do outro, e os resultados serão sobrepostos um ao outro. Partindo desta premissa, considere-se um elemento de volume de referênciaRV componentes internos primeiros$I$ emα eβ fase de concentração a taxa de variação de$\partial c_{I,\alpha}(r,t)/\partial t$ e $\partial c_{I,\beta}(r,t)/\partial t$. A sua expressão pode ser obtida pelo princípio variacional para parâmetros de ordem não conservativos [130]:

$$\frac{\partial c_{I,\alpha}(r,t)}{\partial t} = -\sum_{\beta=1}^{N} \frac{P_{I,\alpha\beta}}{\phi_{\alpha}(r,t)}\left[\frac{\delta f}{\delta c_{I,\alpha}(r,t)}\right] \tag{2-38}$$

$$= -\sum_{\beta=1}^{N} \frac{P_{I,\alpha\beta}}{\phi_{\alpha}(r,t)}\left[\frac{\delta f_{\alpha\beta}^{CH}}{\delta c_{I,\alpha}(r,t)}\right] = -\sum_{\beta=1}^{N} P_{I,\alpha\beta}\left[\tilde{\mu}_{I,\alpha}(r,\mathrm{t}) - \lambda_{I,\alpha\beta}\right]$$

bem como

$$\frac{\partial c_{I,\beta}(r,t)}{\partial t} = -\sum_{\alpha=1}^{N} \frac{P_{I,\beta\alpha}}{\phi_{\beta}(r,t)}\left[\frac{\delta f}{\delta c_{I,\beta}(r,t)}\right] \tag{2-39}$$

$$= -\sum_{\alpha=1}^{N} \frac{P_{I,\beta\alpha}}{\phi_{\beta}(r,t)}\left[\frac{\delta f_{\alpha\beta}^{CH}}{\delta c_{I,\beta}(r,t)}\right] = -\sum_{\alpha=1}^{N} P_{I,\beta\alpha}\left[\tilde{\mu}_{I,\beta}(r,\mathrm{t}) - \lambda_{I,\beta\alpha}\right]$$

Em que$\tilde{\mu}_{I,\alpha}(r,\mathrm{t})$ t e$\tilde{\mu}_{I,\beta}(r,\mathrm{t})$ t indicam o potencial de difusão (Diffusion Potential) dos componentes da espécie$I$ nas fasesα eβ , respetivamente:

$$\tilde{\mu}_{I,\alpha}(r,\mathrm{t}) = \frac{\partial f_{\alpha}\left(T, c_{1,\alpha}(r,t), c_{2,\alpha}(r,t), \cdots, c_{n-1,\alpha}(r,t)\right)}{\partial c_{I,\alpha}(r,t)} \tag{2-40}$$

$$\tilde{\mu}_{I,\beta}(r,\mathrm{t}) = \frac{\partial f_{\beta}\left(T, c_{1,\beta}(r,t), c_{2,\beta}(r,t), \cdots, c_{n-1,\beta}(r,t)\right)}{\partial c_{I,\beta}(r,t)} \tag{2-41}$$

$P_{I,\alpha\beta}$ é chamado de permeabilidade da interface (Permeabilidade da Interface) entre a faseα e a faseβ , e o valor pode ser estimado pela seguinte equação:

$$P_{I,\alpha\beta} = \frac{8M_I}{a\eta} \tag{2-42}$$

Entre ,M_I representa a mobilidade atómica (Atomic mobility) do componente$I$ na interface entre as fasesα eβ , que pode ser encontrada na base de dados de dinâmica de difusão CALPHAD. Enquanto a no denominador representa a escala de comprimento do elemento de volume de referência .RV

$$\frac{\partial[\phi_\alpha(r,t)c_{I,\alpha}(r,t)]}{\partial t} = \phi_\alpha(r,t)\frac{\partial c_{I,\alpha}(r,t)}{\partial t} + \frac{\partial \phi_\alpha(r,t)}{\partial t}c_{I,\alpha}(r,t) \tag{2-42}$$

$$= -\sum_{\beta=1}^{N} P_{I,\alpha\beta}[\tilde{\mu}_{I,\alpha}(r,\mathrm{t}) - \lambda_{I,\alpha\beta}] + \frac{\partial \phi_\alpha(r,t)}{\partial t}c_{I,\alpha}(r,t)$$

Forma anti-simétrica da equação de evolução das variáveis do campo de fase

$$\frac{\partial \phi_\alpha(r,t)}{\partial t} = \frac{\partial \phi_\alpha(r,t)}{\partial t} - \frac{0}{N} = \frac{\partial \phi_\alpha(r,t)}{\partial t} - \frac{1}{N}\sum_{\beta=1}^{N}\frac{\partial \phi_\beta(r,t)}{\partial t} \tag{2-43}$$

$$= \frac{1}{N}\sum_{\beta=1}^{N}\left[\frac{\partial \phi_\alpha(r,t)}{\partial t} - \frac{\partial \phi_\beta(r,t)}{\partial t}\right]$$

$$\frac{\partial[\phi_\alpha(r,t)c_{I,\alpha}(r,t)]}{\partial t} + \frac{\partial[\phi_\beta(r,t)c_{I,\beta}(r,t)]}{\partial t} = 0 \tag{2-44}$$

obter:

$$\lambda_{I,\alpha\beta} = \frac{\phi_\alpha(r,t)\tilde{\mu}_{I,\alpha}(r,\mathrm{t}) + \phi_\beta(r,t)\tilde{\mu}_{I,\beta}(r,\mathrm{t})}{\phi_\alpha(r,t) + \phi_\beta(r,t)} \tag{2-45}$$

$$+ \frac{\left[\frac{\partial \phi_\alpha(r,t)}{\partial t} - \frac{\partial \phi_\beta(r,t)}{\partial t}\right][c_{I,\beta}(r,t) - c_{I,\alpha}(r,t)]}{NP_{I,\alpha\beta}[\phi_\alpha(r,t) + \phi_\beta(r,t)]}$$

A equação de evolução dinâmica do campo de concentração obtida pela substituição do multiplicador de Lagrange na fórmula (2-42) é a seguinte

$$\phi_\alpha(r,t)\frac{\partial c_{I,\alpha}(r,t)}{\partial t} \quad (2\text{-}46)$$

$$= \sum_{\beta=1}^{N} P_{I,\alpha\beta}\frac{\phi_\alpha(r,t)\phi_\beta(r,t)}{\phi_\alpha(r,t)+\phi_\beta(r,t)}[\tilde{\mu}_{I,\beta}(r,t)-\tilde{\mu}_{I,\alpha}(r,t)]$$

$$+\sum_{\beta=1}^{N}\frac{1}{N}\frac{\phi_\alpha(r,t)}{\phi_\alpha(r,t)+\phi_\beta(r,t)}\left[\frac{\partial\phi_\alpha(r,t)}{\partial t}-\frac{\partial\phi_\beta(r,t)}{\partial t}\right][c_{I,\beta}(r,t)$$

$$-c_{I,\alpha}(r,t)]+\nabla\cdot\left[\phi_\alpha(r,t)\sum_{J=1}^{n-1}D_{IJ,\alpha}^{n}\nabla c_{J,\alpha}(r,t)\right]$$

2.3.6 A evolução da fração de fase

Definir a variável$\psi_{\alpha\beta}(r,t)$ para descrever a transformação da faseα para a faseβ na interface ou na ligação multifásica entre as duas fases, ou seja, isto é

$$\psi_{\alpha\beta}(r,t)=\phi_\alpha(r,t)-\phi_\beta(r,t) \quad (2\text{-}47)$$

Obviamente$\psi_{\alpha\beta}(r,t)$ sobre o subscritoα , β é dissimetria.$\psi_{\alpha\beta}(r,t)$ é uma variável de campo não-conservada cujo processo dinâmico segue a equação de evolução de Ginzburg-Landau [127]:

$$\frac{\partial\psi_{\alpha\beta}(r,t)}{\partial t}=\frac{\pi^2\mu_{\alpha\beta}}{4\eta}\left(\frac{\delta f}{\delta\phi_\beta(r,t)}-\frac{\delta f}{\delta\phi_\alpha(r,t)}\right) \quad (2\text{-}48)$$

$$=\mu_{\alpha\beta}\left\{\left[\sigma_{\alpha\beta}(I_\alpha-I_\beta)+\sum_{\substack{\gamma=1\\ \gamma\neq\alpha,\beta}}^{N}(\sigma_{\beta\gamma}-\sigma_{\alpha\gamma})I_\gamma\right]+\frac{\pi^2}{4\eta}\Delta G_{\alpha\beta}\right\}$$

Na equação (2-48)

$$I_\alpha=\nabla^2\phi_\alpha(r,t)+\frac{\pi^2}{\eta^2}\phi_\alpha(r,t) \quad (2\text{-}49)$$

Onde,$\mu_{\alpha\beta}$ representa a mobilidade da interface entre as fasesα eβ , eI_α descreve o efeito da curvatura da interface nas fasesα .$\Delta G_{\alpha\beta}$ descreve a magnitude do desvio do sistema em relação ao equilíbrio termodinâmico em algum ponto, e pode ser considerado como a força motriz que leva à transição de fase. A força motriz da transição de fase no estado sólido$\Delta G_{\alpha\beta}=\Delta G_{\alpha\beta}^{CH}+\Delta G_{\alpha\beta}^{EL}$ pode ser dividida em força motriz química e força motriz elástica, cujas expressões são as seguintes [127]:

$$\Delta G_{\alpha\beta}^{CH} = \left(\frac{\partial}{\partial\phi_\beta(r,t)} - \frac{\partial}{\partial\phi_\alpha(r,t)}\right) f^{CH} \tag{2-50}$$

$$= f_\beta\left(T, c_{1,\beta}(r,t), c_{2,\beta}(r,t), \cdots, c_{n-1,\beta}(r,t)\right)$$

$$- f_\alpha\left(T, c_{1,\alpha}(r,t), c_{2,\alpha}(r,t), \cdots, c_{n-1,\alpha}(r,t)\right)$$

$$- \sum_{I=1}^{n-1} \lambda_{I,\alpha\beta}\left[c_{I,\beta}(r,t) - c_{I,\alpha}(r,t)\right]$$

bem como

$$\Delta G_{\alpha\beta}^{EL} \left(\frac{\partial}{\partial\phi_\beta(r,t)} - \frac{\partial}{\partial\phi_\alpha(r,t)}\right) f^{EL} \tag{2-51}$$

$$= \sigma_\alpha^{ij}(r,t)\left[\left(\varepsilon_{ij,\alpha}^{*} - \varepsilon_{ij,\beta}^{*}\right) - \frac{1}{2}\left(S_{ijkl,\alpha} - S_{ijkl,\beta}\right)\sigma_\alpha^{kl}(r,t)\right]$$

Onde,$\sigma_\alpha^{ij}(r,t) = \left[\varepsilon_{ij,\alpha}^{Tot}(r,t) - \varepsilon_{ij,\alpha}^{*}\right] C_\alpha^{ijkl}$ representa o tensor de tensão na faseα do sistema no$r$, e$S_{ijkl} = \left(C_\alpha^{ijkl}\right)^{-1}$ representa o tensor de flexibilidade elástica da faseα (Tensor de conformidade elástica) . O primeiro termo descreve a força motriz causada pela diferença na tensão intrínseca entre as duas fases, que é proporcional à tensão local do sistema em$r$, e o valor positivo ou negativo da tensão local também determina se a força motriz promove expansão ou contração. O segundo termo descreve a força motriz devido à diferença nas propriedades elásticas entre as duas fases, que é uma função quadrática da tensão local, mostrando que a força motriz é sempre conducente à expansão da fase com propriedades elásticas mais suaves.

2.4 Solução numérica do modelo de campo de fase

São necessários modelos de campo de fases a diferentes escalas para o processo de evolução da microestrutura do material a diferentes níveis. Uma vez estabelecido o modelo do campo de fases do sistema de investigação, a equação básica do campo de fases tem de ser resolvida numericamente e a região envolvida na equação básica tem de ser discretizada no tempo e no espaço.

2.4.1 Método das diferenças finitas

O método das diferenças finitas é um método de cálculo numérico baseado no quociente da diferença da função em cada ponto discreto para substituir aproximadamente o diferencial da função [131]. A sua ideia básica é discretizar o campo da região simulada com um determinado método de partição da rede, substituindo depois o diferencial da função pelo quociente da diferença dos pontos da grelha e substituindo o integral da equação original pela soma dos valores dos pontos da grelha. Assim, o problema da resolução de diferenciais parciais é transformado no problema da resolução de equações de diferenças em pontos de grelha adjacentes.

(1) Discretização espacial

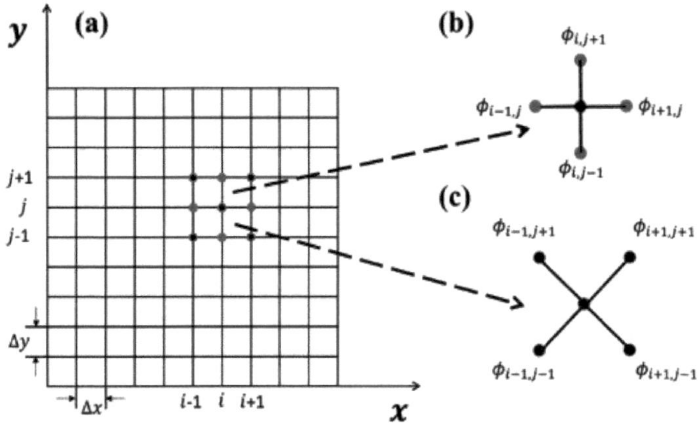

Figura 2-4 Grelha de discretização: (a) As grelhas completas na área de simulação, (b) As primeiras grelhas vizinhas mais próximas, (c) As segundas grelhas vizinhas mais próximas

Neste trabalho, foi utilizada uma grelha retangular para dispersar espacialmente as regiões simuladas, como se mostra na Figura 2-4. A expansão de Taylor da rede de vizinhos mais próximos de qualquer variável de campo de faseϕ_{ij} está disponível

$$\phi(i \pm 1, j) = \phi(i, j) \pm \Delta x \cdot \phi_x(i, j) + \frac{(\Delta x)^2}{2!} \phi_{xx}(i, j) \quad (2\text{-}52)$$

$$\phi(i, j \pm 1) = \phi(i, j) \pm \Delta y \cdot \phi_y(i, j) + \frac{(\Delta y)^2}{2!} \phi_{yy}(i, j) \quad (2\text{-}53)$$

Onde, o subscrito indica o diferencial parcial. Se o espaçamento uniforme da rede for utilizado para toda a área de simulação, ou seja, $\Delta x = \Delta y$ (utilizando um passo espacial igual), e somar as duas fórmulas acima para obter o método de solução numérica de Laplace do esquema de cinco pontos:

$$\begin{aligned} &(\Delta x)^2 \cdot \nabla^2 \phi(i, j) \\ &= \phi(i + 1, j) + \phi(i - 1, j) + \phi(i, j + 1) + \phi(i, j - 1) \\ &\qquad - 4\phi(i, j) \end{aligned} \quad (2\text{-}54)$$

Para o caso em que se considera a variável de campoϕ_{ij} subnear neighbor, existem:

$$2(\Delta x)^2 \cdot \nabla^2 \phi(i,j) \tag{2-55}$$
$$= \phi(i+1,j+1) + \phi(i+1,j-1) + \phi(i-1,j+1)$$
$$+ \phi(i-1,j-1) - 4\phi(i,j)$$

Para simplificar, a grelha(i,j) é representada pelo subscrito$i$, e os vizinhos mais pr óximos e subpr óximos de$i$ respetivamente, pelo que a expressão do operador Laplaciano é

$$\nabla^2 \phi_i = \frac{1}{(\Delta x)^2}\left[\frac{1}{2}\sum_{i}^{cn}(\phi_j - \phi_i) + \frac{1}{4}\sum_{l}^{nn}(\phi_j - \phi_i)\right] \tag{2-56}$$

Em quecn enn representam o número de árvores da árvore mais próxima e dos vizinhos mais próximos, respetivamente. Para grelhas quadradas, ,$cn = 4nn = 4$, as equações 2-56 são também designadas por formato de diferença de nove pontos.`

(2) Discretização do tempo

Para as equações da dinâmica do campo de fase, a fórmula iterativa de Euler relacionada com o tempo pode ser utilizada para representar

$$\phi_i(r, t + \Delta t) = \phi_i(r, t) + \frac{d\phi_i}{dt}\Delta t \tag{2-57}$$

Em que$\phi_i(r,t)$ e$\phi_i(r,t+\Delta t)$ representam o valor da variável de campo de fase$i$ de qualquer posição da grelha$r$ no momento atual, respetivamente;Δt é o passo de tempo discreto.

(3) Condições de estabilidade

Embora o método das diferenças finitas tenha as vantagens de uma forma simples e de uma utilização conveniente, este método deve ser rigoroso no que respeita às condições de cálculo. Ao resolver a equação dinâmica, é necessário garantir a estabilidade da solução da equação, ou seja, o passo de tempo e o passo de espaço devem satisfazer uma determinada relação, a relação específica é a seguinte [131]

$$\Delta t\left(\frac{1}{(\Delta x)^2} + \frac{1}{(\Delta y)^2}\right) = \frac{2\Delta t}{(\Delta x)^2} \leq \frac{1}{4K} \tag{2-58}$$

Na fórmula,K é o coeficiente de gradiente da variável de campo.

(4) Condições de fronteira periódicas

Para a simulação do campo de fases da evolução da microestrutura, é normalmente necessário selecionar uma região limitada como amostra inicial da liga.

A fim de refletir a lei de evolução de todo o material com a lei de evolução estrutural da região limitada, a influência do efeito de fronteira na simulação é frequentemente eliminada durante o processo de simulação do material. A abordagem específica consiste em utilizar a Condição de Limite Periódica (Condição de Limite Periódica) para os pontos da grelha de simulação no limite, ou seja, todos os pontos da grelha no limite da área de simulação são adjacentes para cima e para baixo, para a esquerda e para a direita.

2.4.2 Método do espetro de Fourier

Chen e Shen[132] aplicaram pela primeira vez o método do espetro de Fourier no processo de resolução da equação diferencial parcial do campo de fase, e obtiveram os resultados da simulação do campo de fase com elevada eficiência computacional e sem perda de precisão. Desde então, o método rápido do espetro de Fourier tem mostrado grande potencial na simulação do campo de fase. Na simulação do campo de fase da evolução da microestrutura, é frequentemente necessário definir a fronteira para a periodicidade, e o método do espetro rápido de Fourier é muito conveniente para lidar com tais problemas de fronteira. A equação dinâmica de Cahn-Hiliard que lida com variáveis de campo conservadas no modelo de campo de fase é tomada como exemplo para a resolver pelo método do espetro de Fourier. Em primeiro lugar, a equação de Cahn-Hilliard

$$\frac{\partial C(r,t)}{\partial t} = M\nabla^2\left(\frac{\partial f(C)}{\partial C} - K_C\nabla^2(r,t)\right) \tag{2-59}$$

Efetuar a transformada de Fourier, obtém-se

$$\frac{\partial \tilde{C}(\vec{k},t)}{\partial t} = -k^2 M\left(\left[\frac{\partial f(C)}{\partial C}\right]_k + k^2 K_C \tilde{C}(\vec{k},t)\right) \tag{2-60}$$

Na fórmula, ; ;$\tilde{C}(\vec{k},t) = \int e^{-i\vec{k}\cdot\vec{r}} C(\vec{r},t)\, d\vec{r}$ $\left[\frac{\partial f(C)}{\partial C}\right]_k = \int e^{-i\vec{k}\cdot\vec{r}} \frac{\partial f(C)}{\partial C}\ d\vec{r}\vec{k}$ é a perda de onda no espaço de Fourier;$k^2 = |\vec{k}|^2$. Embora a fórmula 2-60 tenha uma elevada precisão no espaço, tem apenas uma secção de precisão para a variável tempo, pelo que é necessário um pequeno passo de tempo para garantir a convergência dos resultados do cálculo. Para ultrapassar estas deficiências na solução numérica das equações diferenciais parciais não lineares, Chen e Shen construíram o Método Espectral de Fourier Semi-implícito [132], cuja ideia central consiste em adotar ainda o formato de visualização para a parte não linear da equação, e adotar o formato implícito para a parte linear. O método do espetro de Fourier semi-implícito não só tem as vantagens da boa estabilidade e da alta precisão, como também não aumenta significativamente a complexidade do algoritmo. Usando o método do espetro de Fourier semi-implícito para resolver a equação (2-60), podemos obter:

$$\tilde{C}^{n+1}(\vec{k},t) = \tilde{C}^{n}(\vec{k},t) + \frac{i\vec{k}\Delta t}{1 + 1/2\Delta t k^4 K_C}\left\{M\left(k'^2 K_C \tilde{C}^{n}(\vec{k},t) + i\vec{k}\left[\frac{\partial f(C)}{\partial C}\right]^n_{k'}\right)_r\right\}_k \tag{2-61}$$

Em conclusão, tanto o método das diferenças finitas como o método espetral de Fourier têm as suas próprias vantagens e limitações. No processo de resolução da equação do campo de fase, o método de solução adequado deve ser escolhido de acordo com a situação atual.

2.5 Ambiente de desenvolvimento

No ambiente de desenvolvimento do Visual Studio 2019, este grupo de pesquisa desenvolveu o software de campo multifásico MID (Material Intelligent Design) usando a linguagem C++, que pode ser executado no sistema operacional Windows. Neste estudo, foram utilizados os softwares MATLAB 2019a e Paraview5.4.1 para visualizar os dados simulados da evolução da microestrutura. O software Origin9.0 foi usado para fazer curvas estatísticas.

2.6 Resumo do presente capítulo

1. A história do desenvolvimento do modelo de campo de fase microscópico, o princípio de construção do modelo e o processo de derivação da equação de evolução das variáveis de campo são introduzidos. A relação de equilíbrio entre o parâmetro de temperaturaε e a densidade do número de primórdiosψ para diferentes estruturas cristalinas é obtida através do equilíbrio da lei de fase de Gibbs.

2. As etapas específicas de investigação do campo de acoplamento do modelo de campo de fase contínua (modelo de campo multifásico de Steinbach) são discutidas em pormenor. As equações de evolução dinâmica do campo de concentração de fases$c$ e da fração de faseϕ com o tempo são obtidas através da descrição da energia interfacial, da energia livre de massa e da energia elástica.

3. São brevemente apresentados dois métodos numéricos para a resolução de equações diferenciais parciais no domínio das fases: o método das diferenças finitas e o método do espetro de Fourier. É desenvolvido um software de simulação de campos multifásicos MID (Material Intelligent Design) que pode ser executado no sistema operativo Windows, utilizando a linguagem C++.

Capítulo 3 Simulação microscópica do campo de fase da segregação dos limites de grão no envelhecimento precoce da liga Al-Cu

3.1 Introdução

No período de envelhecimento precoce da liga de alumínio, os átomos de soluto são dissolvidos a partir de uma solução sólida supersaturada, e os átomos de soluto dissolvidos sofrerão uma série de evolução no defeito da solução sólida à base de alumínio, desde a segregação de átomos de soluto até à formação de aglomerados, formando uma região G.P de estrutura ordenada, e finalmente formando uma fase precipitada estável. No estado de equilíbrio, há mais defeitos estruturais no limite do grão do que no interior do grão, e a energia dos átomos de soluto no interior do grão é maior do que no limite do grão, o que leva à segregação espontânea de átomos de soluto no interior do grão para a região do limite do grão, reduzindo a energia do sistema. A segregação de átomos de soluto no período de envelhecimento precoce é a chave para a formação da segunda fase para produzir partículas reforçadas.

A segregação de soluto nos limites de grão está intimamente relacionada com a estrutura dos limites de grão. Devido à complexidade da estrutura do contorno de grão, o processo de formação de aglomerados no contorno de grão é complicado e difícil de observar. Atualmente, não existe uma explicação teórica clara para o mecanismo microscópico e para a informação à escala atómica de uma série de processos de transformação estrutural, tais como o enriquecimento da solubilidade nos limites do grão, a formação de aglomerados, a estrutura ordenada da região G.P e a formação de fases precipitadas estáveis durante o processo de envelhecimento da liga de alumínio. Neste capítulo, tomando como exemplo a liga binária Al-Cu, o processo de evolução da segregação do limite de grão do soluto Cu durante o processo de envelhecimento da liga de alumínio é simulado pelo modelo cristalino de campo de fase da estrutura multi-liga, de modo a revelar o micromecanismo à escala atómica da segregação do limite de grão do soluto reforçada pelo envelhecimento da liga de alumínio.

3.2 Modelo cristalino de campo de fase estrutural da liga binária Al-Cu

A expressão do funcional de energia total do modelo cristalino do campo de fase estrutural é a seguinte [121]:

$$\frac{\Delta F}{kT\rho^0} = \int \left\{ \frac{n^2}{2} - \eta\frac{n^3}{6} + \chi\frac{n^4}{12} + (n+1)\Delta F_{mix} - \frac{1}{2}n\int dr'\, C_{eff}^n(|r-r'|)n' + \alpha|\vec{\nabla}c|^2 \right\} dr \quad (3\text{-}1)$$

Entre eles, o ρ^0 indica a densidade do número atómico do estado de referência (refere-se à fase líquida), n representa a variável de campo da densidade do número atómico sem dimensão, definida como $n = \rho/\rho^0 - 1$, $c = \rho_B/\rho$ indica a variável de campo

da concentração dos elementos do soluto (ρ_B representa a densidade do número atómico do soluto B. Este capítulo realiza pesquisas sobre ligas binárias Al-Cu. O alumínio é a matriz, o cobre é o átomo do soluto e o B indica o átomo de Cu.),k é a constante de Boltzmann na equação (3-1) eT é a temperatura absoluta. η eχ na expressão funcional da energia livre (3-1) são parâmetros de ajuste polinomial da energia livre ideal ($\eta = \chi = 1$), e o coeficiente de energia de gradienteα está relacionado com a energia da interface (neste estudo, a energia da interface é isotrópica,$\alpha = 1$).ΔF_{mix} representa a entropia de mistura na expressão (3-1).
A expressão específica é a seguinte:

$$\Delta F_{mix} = \omega\left\{c\ln\left(\frac{c}{c_0}\right) + (1-c)\ln\left(\frac{1-c}{1-c_0}\right)\right\} \quad (3\text{-}2)$$

O coeficienteω é introduzido na fórmula para corrigir a entropia de mistura do sistema que se desvia da componente do estado de referência .c_0

No modelo de campo de fase do cristal de liga multielementar, a interação entre diferentes átomos é determinada pela função de correlação efectivaC^n_{eff} , na seguinte expressão:

$$C^n_{eff} = X_1(c)C_2^{AA} + X_2(c)C_2^{BB} \quad (3\text{-}3)$$

Entre

$$X_1(c) = 1 - 3c^2 + 2c^3 \quad (3\text{-}4)$$
$$X_2(c) = 1 - 3(1-c)^2 + 2(1-c)^3$$

$X_1(c)$ e $X_2(c)$ está associada a duas funções rectas C_2^{AA} e C_2^{BB} função de interpolação, que interpolam entre a função de correlação direta da matéria puraC_2^{ii} [133]. No espaço de Fourier, a função de correlação direta é [121]:

$$\hat{C}_2^{ii} = \sum_j \hat{C}_{2j}^{ii} = \sum_j e^{-\frac{\sigma^2}{\sigma_{Mj}^2}} e^{-\frac{(k-k_j)^2}{2\alpha_j^2}} \quad (3\text{-}5)$$

Para o sistema de liga binária A-B,$ii = AA$ eBB , $\hat{C}_{2j}^{ii}$ indica os componentes da célula unitária no espaço recíproco k_j posição do primeiro pico de ajuste gaussiano$j$,indica os parâmetros relacionados com a temperatura,σ_{Mj} indica os parâmetros de temperatura da transição de fase ($\sigma_{Mj} = 0.55$).α_j refere-se à largura do pico gaussiano. A energia interfacial, o coeficiente elástico e a anisotropia podem ser determinados definindo adequadamente o valor deα_j ($\alpha_j = 0.8$)([72]). Como se mostra na equação (3-5), a função de correlação direta$\hat{C}_2^{ii}$ é o conjunto de todos os picos gaussianos$\hat{C}_{2j}^{ii}$, que representam as interações atómicas. O número total de densidade atómica é definido como a soma da densidade de cada componente$\rho = \rho_A + \rho_B$, $\rho^0 = \rho_A^0 + \rho_B^0$ indica a fase líquida composição de equilíbrio da coexistência sólido-líquido. A variável de densidade de número atómico sem dimensãon e a variável de campo de concentração de soluto$c$ seguem a equação cinética de Cahn-Hilliard para o campo conservativo [134]

$$\frac{\partial n}{\partial t} = \vec{\nabla} \cdot \left\{ M_n \vec{\nabla} \left(\frac{\delta F}{\delta n} \right) \right\} \tag{3-6}$$

$$\frac{\partial c}{\partial t} = \vec{\nabla} \cdot \left\{ M_c \vec{\nabla} \left(\frac{\delta F}{\delta c} \right) \right\} \tag{3-7}$$

Onde$t$ representa o tempo de evolução,M_n eM_c representam parâmetros de mobilidade sem dimensão. A uma dada temperatura, todos os parâmetros de mobilidade atómica são constantes ($M_n = M_c = 1$ neste estudo). A equação de evolução dinâmica seguida pelas variáveis de campo de densidade atómica no modelo de cristal de campo de fase é consistente com a equação tradicional de evolução de variáveis de campo conservadoras de campo de fase, que adopta a equação dinâmica de Cahn-Hilliard. No entanto, o modelo cristalino de campo de fase pode simular o processo de evolução da microestrutura dos materiais à escala atómica.

3.3 Cálculo do diagrama de fases eutécticas de equilíbrio da liga binária Al-Cu

Este capítulo toma como objeto de investigação o sistema de liga binária Al-Cu e estuda uma série de processos de transformação estrutural dos átomos de Cu do soluto sólido supersaturado para a formação da fase$\theta'(Al_2Cu)$. Reduzindo a constante de rede da matriz de alumínio para 1, a constante de rede da fase precipitada$\theta'(Al_2Cu)$ é definida como$\sqrt{76/81}$ (a razão entre a constante de rede da faseAl_2Cu e a constante de rede da fase FCC-A1)[72]. De acordo com a definição do funcional de energia de campo de fase, a energia livre de cada fase num sistema de liga é uma função do parâmetro de temperatura do sistema σ e da concentração dos componentes da fase .c

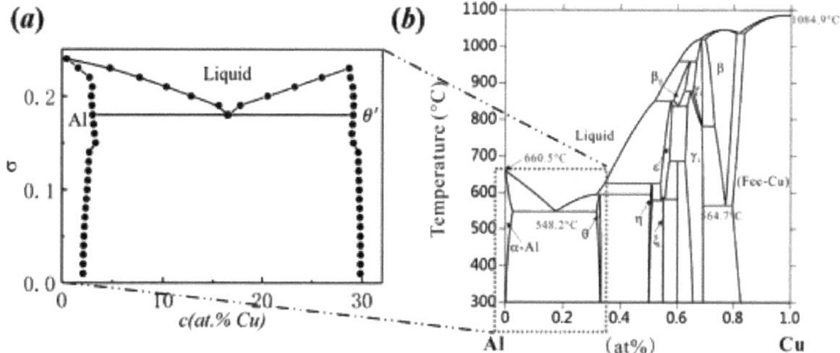

Figura 3-1 (a) Diagrama de fases eutécticas para uma liga binária Al-Cu no âmbito do presente modelo XPFC; (b) Diagrama de fases binário de alumínio e cobre [135]

Os passos específicos para calcular o diagrama de fases de equilíbrio da liga binária Al-Cu através do modelo cristalino de campo de fases são os seguintes: Na primeira etapa, o funcional de energia do campo de fases da região do modelo é construído, e a relação funcional entre a energia livre de cada fase de equilíbrio e o parâmetro do modelo σ (dependente da temperatura) e a concentração do soluto$c$ é determinada pelo funcional de energia. No segundo passo, tomando diferentes valores de σ (0~0,5), é calculada a relação funcional entre a energia livre de cada fase e a concentração de soluto$c$ a diferentes temperaturas. O terceiro passo é encontrar o ponto componente de equilíbrio da zona de coexistência de duas fases a uma determinada temperatura através do critério da tangente comum de equilíbrio, e calcular a secção transversal isotérmica do diagrama de fases (o sistema de liga binária é os dois pontos finais da zona de coexistência do diagrama de fases). Na quarta etapa, o diagrama de fase de equilíbrio eutéctico binário da matriz de Al e$\theta'(Al_2Cu)$ na FIG. 3-1a pode ser construído calculando os componentes de equilíbrio de fase das regiões de coexistência a diferentes temperaturas de equilíbrio (diferentes valores de σ). Comparando o diagrama de fases calculado pelo modelo cristalino do campo de fases com o medido por experiência, pode ver-se que o diagrama de fases eutéctico binário Al-Cu calculado pelo modelo cristalino do campo de fases está em boa concordância com o diagrama de fases da liga binária Al-Cu medido por experiência. O diagrama de fases calculado na Figura 3-1a descreve a relação de composição de equilíbrio entre a fase matriz FCC-Al e o composto intermetálico$\theta'(Al_2Cu)$ contendo 33,3at % Cu).

Na simulação de cristal de campo de fase deste capítulo, a concentração inicial$c$ do elemento soluto Cu na solução sólida supersaturada de Al-Cu foi fixada em 4,5at%, e a temperatura de envelhecimento foi fixada em$\sigma = 0.05$. Tais parâmetros poderiam assegurar a estabilidade da fase de solução sólida a esta temperatura. O estado estrutural inicial desta simulação é de dois grãos adjacentes com orientações diferentes. Antes da evolução da estrutura simulada, os dois grãos de cristal são separados por pequenas regiões de fase líquida com uma largura predefinida de cerca de 10 pontos de grelha na fronteira de grão entre os dois grãos de cristal (como se mostra na FIG. 3-2). Esta configuração inicial da fronteira de grão pode assegurar a periodicidade da fronteira regional simulada no processo de evolução subsequente, e a configuração de uma fase líquida na fronteira de grão pode evitar tensões internas entre os dois grãos devido à disposição atómica não contínua da fronteira de grão entre os grãos causada pela configuração inicial feita pelo homem. Na fase inicial da modelação do campo de fase, o sistema sofrerá um processo de relaxamento de declínio de energia impulsionado pela dinâmica do campo de fase, e a pequena região de fase líquida entre os dois grãos desaparecerá gradualmente no processo de relaxamento e formará dois limites de grão simétricos. A energia total dos dois sistemas de grãos após o relaxamento de energia tende a ser estável, o que será usado como amostra inicial para a simulação subsequente. As estruturas iniciais dos dois grãos mostrados na Figura 3-2 são definidas com base em diferentes ângulos de diferença de orientação dos grãosθ e diferentes ângulos de deflexão dos limites dos grãosϕ . O tamanho da região desta simulação é 3840Δx ×3840Δx (480×480 átomos), o passo espacial Δx=0,125 (1/8 do tamanho do átomo) e o passo temporal Δt=0,1s.

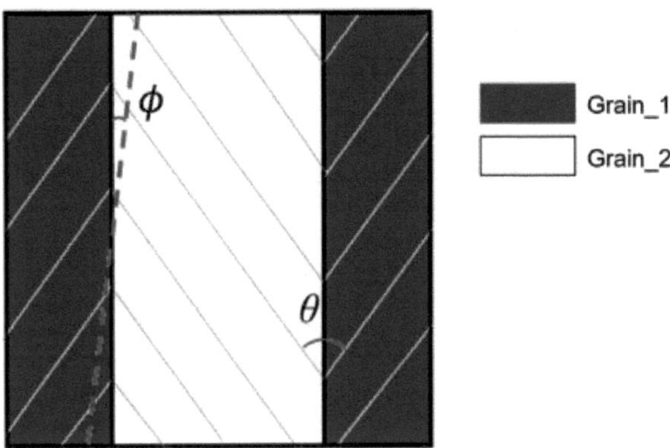

Figura 3-2 Diagrama esquemático da condição inicial das simulações, aquiθ é o ângulo de desorientação do contorno de grão eϕ é o ângulo de rotação do contorno de grão

3.4 Influência da estrutura do contorno de grão na segregação do soluto

Os átomos no limite do grão estão dispostos incontinuamente, e a sua estrutura é relativamente frouxa em relação ao interior do grão, e há mais defeitos de rede do que no interior do grão. A energia dos átomos de soluto no estado supersaturado no grão é maior do que no limite do cristal. Por conseguinte, a energia atómica do soluto no interior do grão é espontaneamente transferida para a região limite do grão. Através do processo de separação em equilíbrio dos átomos de soluto no limite do grão, a energia do sistema de liga pode ser reduzida.

A Figura 3-3 mostra a influência de diferentes estruturas de contorno de grão (diferentes ângulos de diferença de orientação de grãoθ , diferentes ângulos de deflexão de contorno de grãoϕ) na segregação do átomo de Cu soluto nos limites de grão no sistema de liga binária Al-Cu. Neste estudo, foi simulado o processo de formação de aglomerados do átomo de Cu soluto em quatro tipos de estruturas de contorno de grão: contorno de baixo ângulo ($\theta = 4^\circ$), contorno de alto ângulo ($\theta = 36.5^\circ$), contorno simétrico ($\phi = 0^\circ$) e contorno assimétrico ($\phi = 5^\circ$). Foram obtidos quatro passos básicos para a formação de aglomerados nos limites dos grãos da liga de alumínio durante o envelhecimento:(1) Na fase de envelhecimento, os átomos de Cu soluto são enriquecidos nos limites dos grãos, e a concentração de Cu soluto nos limites dos grãos é ligeiramente superior à concentração de soluto no interior dos grãos. Na fase de envelhecimento precoce, os átomos de Cu soluto segregam-se principalmente na deslocação do limite do grão. (2) Na fase de pico de envelhecimento, quando os átomos de Cu soluto se juntam na deslocação do limite do grão e a concentração continua a aumentar. Este processo desencadeará a decomposição modulada em amplitude do soluto nos limites do grão [22,23,136], que formará alguns locais de pico de concentração de Cu soluto contínuos (limites de grão de alto ângulo) ou descontínuos (limites de grão de baixo ângulo) nos limites do grão, e estes locais de pico tornar-se-ão os pontos de nucleação dos aglomerados. Neste momento, o pico de concentração está próximo da concentração do soluto Cu na fase metaestável. (3) À medida que os átomos de Cu soluto se segregam ainda mais nos limites dos grãos, os aglomerados crescem. (4) Os átomos de soluto migram nos canais de contorno de grão, as regiões descontínuas dos aglomerados são engrossadas e a fusão ocorre entre os aglomerados adjacentes devido à difusão do soluto.

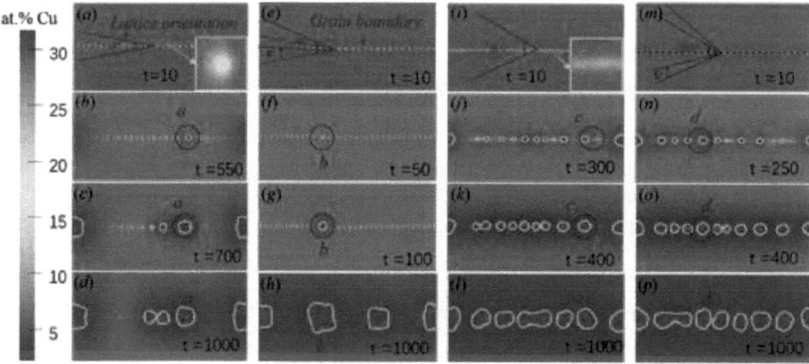

Figura 3-3 Processos de agregação de soluto em diferentes estados de contorno de grão. (a-d) Fronteira de grão simétrica$\theta = 4^{\circ}$ (LAGB), $\phi = 0^{\circ}$ (fronteira de grão simétrica); (e-h) Fronteira de grão assimétrica inclinada ,$\theta = 4^{\circ}\phi = 5^{\circ}$; (i-l) Fronteira de grão simétrica inclinada$\theta = 36.5^{\circ}$ (HAGB),$\phi = 0^{\circ}$; (m-p) Fronteira de grão assimétrica inclinada$\theta = 36.5^{\circ}$, $\phi = 5^{\circ}$

3.4.1 Efeito das fronteiras de grão simétricas na segregação do soluto

Analisando o processo de formação de aglomerados em fronteiras de grão de grande e baixo ângulo, revela-se que o átomo de Cu soluto sofre dois processos nas fronteiras de grão: segregação do soluto e decomposição da modulação da amplitude. As figuras 3-3(a-d) e 3-3(i-l) mostram, respetivamente, o processo evolutivo da segregação do soluto atómico de Cu em fronteiras simétricas angulares pequenas ($\theta = 4^{\circ}$) e em fronteiras simétricas angulares grandes ($\theta = 36.5^{\circ}$). As FIG. 3-3(a) e (i) mostram a distribuição da concentração do soluto Cu quando o tempo de evolução t=10. Nesta fase, sob a ação da adsorção isotérmica de Gibbs nos limites do grão [137], os átomos de Cu dissolvidos no período inicial de envelhecimento serão enriquecidos nos limites do grão, fazendo com que a solubilidade do soluto nos limites do grão seja ligeiramente superior à do interior do grão. A evolução da segregação do soluto nos limites de grão simétricos também é diferente devido à diferença de orientação do ângulo entre os grãos. De acordo com o estudo de Gao[138] e Zhou[139] sobre a configuração da deslocação nos limites de grão simétricos inclinados, a densidade de deslocação nos limites de grão simétricos de baixo ângulo é inferior à dos limites de grão de alto ângulo. A densidade de deslocação na fronteira de grão de baixo ângulo mostrada em 3-3a neste estudo é significativamente mais baixa do que na fronteira de grão de alto ângulo mostrada na FIG. 3-3i, o que também leva diretamente à diferença no grau de enriquecimento de átomos de soluto nas duas estruturas de fronteira de grão na fase de envelhecimento, e a segregação de átomos de Cu de soluto na posição de deslocação descontínua na fronteira de grão de baixo ângulo simétrico. A segregação do soluto Cu no limite de grão de ângulo elevado é quase ao longo de todo o limite de grão. À medida que a concentração de soluto aumenta, como se mostra na Figura 3-3b e 3-3j, aparecem regiões ricas em Cu com uma concentração de soluto próxima dos 30% (a proporção de átomos de Cu no Al2Cu é de 33,3at. %), tanto nos limites de grão de grande ângulo como nos de baixo ângulo. Esta região rica em soluto é considerada como o núcleo inicial da fase precipitada. A diferença é que apenas alguns pontos de nucleação precipitada aparecem na deslocação dos limites de grão de baixo ângulo, enquanto a distribuição dos pontos de nucleação nos limites de grão de alto ângulo é mais uniforme. À medida que o tempo de evolução avança, os precipitados nos limites de grão de ângulos grandes e baixos continuam a crescer, e as posições dos precipitados em ângulos baixos são ainda apenas alguns locais especiais de limites de grão (Figura 3-3c e 3-3d), enquanto os aglomerados continuamente distribuídos nos limites de grão de ângulo elevado continuam a crescer, e os aglomerados adjacentes começam a entrar em contacto e a fundir-se (Figura 3-3k e 3-3l).

Para melhor observar este processo, a Figura 3-4(a-b) e a Figura 3-4(c-d) mostram a flutuação da concentração de Cu no soluto com o tempo de evolução nas fronteiras de grão de baixo ângulo e de alto ângulo, respetivamente. De acordo com o processo de evolução dinâmica do enriquecimento do átomo de Cu no soluto nos limites do grão, as flutuações da composição do soluto nos limites do grão tornam-se cada vez mais intensas com o tempo de evolução. Quando t=500, o enriquecimento de átomos de Cu em soluto na deslocação do limite de grão de baixo ângulo é periódico, e esta periodicidade corresponde ao local periódico da disposição da deslocação no limite de grão de baixo ângulo. Com a adsorção contínua de átomo de Cu em soluto na deslocação do contorno de grão, quando t=650, a concentração de soluto na região retangular vermelha na Figura 3-4a (perto da coordenada horizontal x=2000Δx e x=2500Δx) flutua muito. Quando t=700, uma grande região rica em soluto formar-se-á gradualmente nas posições especiais de deslocação nos limites de grão de baixo ângulo, e a sua concentração aumentará para cerca de 30%, atingindo basicamente o teor percentual de átomos de Cu em$\theta'(Al_2Cu)$, enquanto a concentração de átomos de soluto perto de outros pontos de deslocação permanecerá basicamente inalterada ou diminuirá. O intervalo de flutuação da concentração atómica de Cu do soluto é de 0,03at % a 0,30at %, e o soluto sofreu uma difusão ascendente, ou seja, um processo de decomposição modulado em amplitude nestes locais especiais de deslocamento [23]. A decomposição modulada em amplitude do soluto no limite de grão de baixo ângulo resulta na formação de estruturas de aglomerados iniciais (estrutura da fase precipitada antes da nucleação) em deslocações individuais. Em contraste, o processo de decomposição modulada em amplitude do soluto nas fronteiras de grão de alto ângulo é mais óbvio, como se mostra nas Figuras 3-4(c) e (d). Na fase inicial, quando t=200, os átomos de Cu do soluto segregam-se nos limites de grão de alto ângulo sob a influência da adsorção isotérmica de Gibbs. A concentração do soluto após a segregação aproxima-se de 10 at% e é distribuída uniformemente. Ao contrário dos locais de deslocação periódicos encontrados nos limites de grão de baixo ângulo, os átomos de Cu do soluto exibem segregação ao longo de todo o limite de grão de alto ângulo, demonstrando fortes caraterísticas das fases de limite de grão. À medida que a evolução prossegue, a concentração de soluto na fronteira de grão flutua muito. Em t=270, há variações visíveis na concentração de átomos de soluto (como indicado pela linha tracejada vermelha na Figura 3-4c). Subsequentemente, a decomposição da modulação do soluto ocorre nos limites de grão simétricos de ângulo elevado, levando a um aumento da concentração de soluto nas áreas onde era inicialmente mais elevada, enquanto as áreas com uma concentração inicial mais baixa registam uma diminuição adicional (como se mostra no mapa de distribuição da concentração de soluto em t=300 na Figura 3-4c).

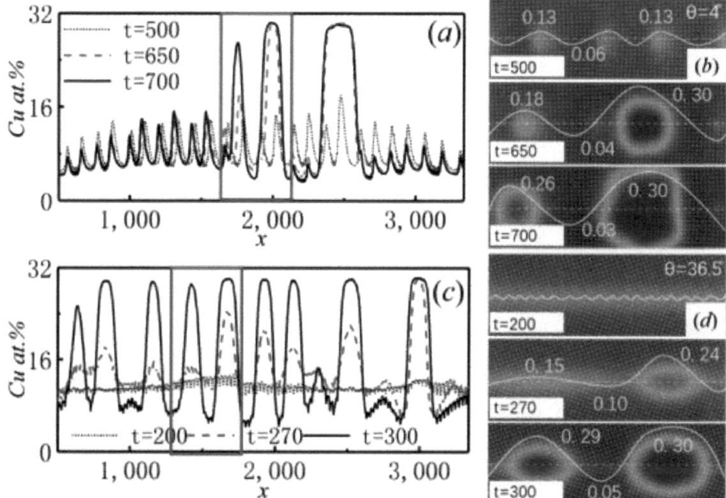

Figura 3-4 Evolução temporal dos perfis de concentração ao longo dos GBs. **(a)** Perfis de concentração de soluto ao longo da fronteira de grão de baixo ângulo; **(b)** Evolução da zona de enriquecimento de soluto na fronteira de grão de baixo ângulo; **(c)** Perfis de concentração de soluto ao longo da fronteira de grão de alto ângulo; **(d)** Evolução da zona de enriquecimento de soluto na fronteira de grão de alto ângulo; As linhas sólidas amarelas nos painéis da direita são perfis de concentração ao longo da fronteira de grão (marcados por linhas amarelas a tracejado)

O intervalo de flutuação da concentração do soluto Cu é de 0,05 at% a 0,30 at%. Em contraste com a decomposição da modulação em limites de grão de baixo ângulo, os aglomerados formados após a decomposição da modulação em limites de alto ângulo são continuamente distribuídos ao longo do limite do grão e exibem um certo grau de periodicidade.

Estudos teóricos recentes têm apontado que os limites descontínuos dos grãos de materiais policristalinos podem ser tratados como uma fase especial, que é chamada de "fases de limite de grão" [140], e o comportamento da "transição de fase" nos limites de grão pode ser explicado através do conceito de fases de limite de grão. Por exemplo, no ponto crítico do estado termodinâmico, a estrutura e as propriedades químicas da fronteira do grão podem sofrer alterações descontínuas. De acordo com a teoria da fase de fronteira cristalina, a fronteira de grão pode também sofrer uma variedade de processos de transformação de fase como a organização de fase no sentido habitual, e uma fase com composição de soluto diferente é gerada a partir da fase de fronteira de grão homogénea. O processo de flutuação composicional semelhante à região de enriquecimento de soluto denso em limites de grãos de grande e pequeno ângulo é chamado de decomposição de modulação de amplitude [23] em baixa dimensão (o limite de grão é bidimensional defeito) 。 Na simulação de campo de fase deste capítulo, a mudança inicial na composição química nos limites de grãos é induzida pela segregação de soluto resultante da adsorção de superfície de Gibbs. A distribuição da concentração de soluto formada pela segregação nos limites dos grãos é relativamente uniforme e não apresenta fenómenos significativos de flutuação da composição. No entanto, o processo de decomposição da modulação do soluto no limite do grão promove grandemente a transferência de átomos de soluto ao longo do limite do grão, formando aglomerados de alta concentração em algumas posições defeituosas e formando áreas pobres em soluto noutras posições. Quando a concentração de soluto atinge um valor crítico (aproximadamente 30 at.% Cu), isto resultará na nucleação de uma fase precipitada de átomos de soluto nos limites do grão.

3.4.2 Influência das fronteiras de grão assimétricas na segregação do soluto

A Figura 3-5 mostra o processo de nucleação inicial de aglomerados em limites de grão simétricos e assimétricos. FIG. 3-5a As deslocações de borda estão dispostas uniformemente nos limites de grão simétricos de baixo ângulo. Devido à distorção nas deslocações dos limites do grão, os ótomos de soluto supersaturados são fáceis de acumular nestes defeitos. Quando o limite de grão inclinado num ângulo baixo é deflectido por$\phi = 5^{\circ}$ (FIG. 3-5c), forma-se um pequeno degrau no limite de grão inclinado (FIG. 3-5c), resultando em linhas de deslocação escalonadas no limite de grão. Este pequeno degrau consiste em duas deslocações de bordo mutuamente verticais, o que equivale a um aumento da densidade de deslocação. A presença de degraus em limites de grão de baixo ângulo tem uma forte capacidade de adsorção de átomos de soluto, pelo que pode promover grandemente a nucleação de aglomerados em limites de grão.

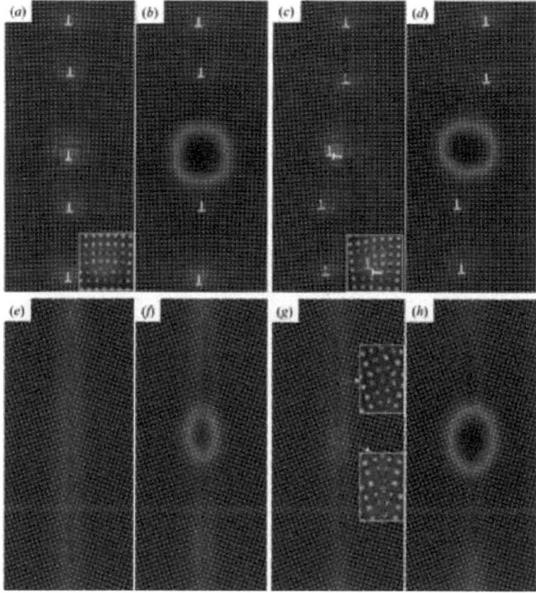

Figura 3-5 Evolução da zona de enriquecimento em soluto nas fronteiras de grão simétricas e assimétricas (a, b) Ângulo de desorientação da fronteira de grão θ=4° e ângulo de rotação da fronteira de grão$\phi = 0^{\circ}$,(c, d) ,$\theta = 4^{\circ}\phi = 5^{\circ}$,(e, f) ,$\theta = 36.5^{\circ}\phi = 0^{\circ}$,(g, h) $\theta = 36.5^{\circ}$, $\phi = 5^{\circ}$

Os limites de grão simétricos de grande ângulo de inclinação na Figura 3-5e são compostos por uma série de unidades estruturais "em forma de ferradura". Quando se formam aglomerados de soluto, a estrutura atómica no centro dos aglomerados não é muito diferente das unidades estruturais nas regiões adjacentes. Para os limites de grão assimétricos de alto ângulo (FIG. 3-5g-h), quando os limites de grão são rodados num pequeno ângulo$\phi = 5^{\circ}$, observa-se que a unidade estrutural original em "ferradura" composta por seis átomos é parcialmente transformada numa unidade estrutural em "ferradura" composta por oito átomos, mas o efeito desta alteração na nucleação de aglomerados nos limites de grão de alto ângulo é limitado.

O ângulo de orientaçãoθ do limite do grão e o ângulo de deflexãoϕ do limite do grão afectam a dinâmica de nucleação dos precipitados no limite do grão, tais como o tempo de incubação da nucleação e o número de núcleos. De acordo com a relação entre o tempo de incubação da nucleação e a estrutura do contorno de grão na FIG. 3-6 (a), pode-se ver que os limites de grão não simétricos ($\phi = 3^0$, $\phi = 5^0$) são mais propensos a eclodir em aglomerados do que os simétricos ($\phi = 0^0$). As etapas de deslocamento serão formadas em limites de grãos de baixo ângulo devido à rotação de limites de grãos, enquanto as mudanças de unidade estrutural ocorrerão em limites de grãos de alto ângulo devido à rotação de limites de grãos. A formação de degraus nas fronteiras de grão e a mudança de unidades estruturais aumentarão a complexidade da estrutura da fronteira de grão e afectarão a segregação de átomos de soluto nas fronteiras de grão.

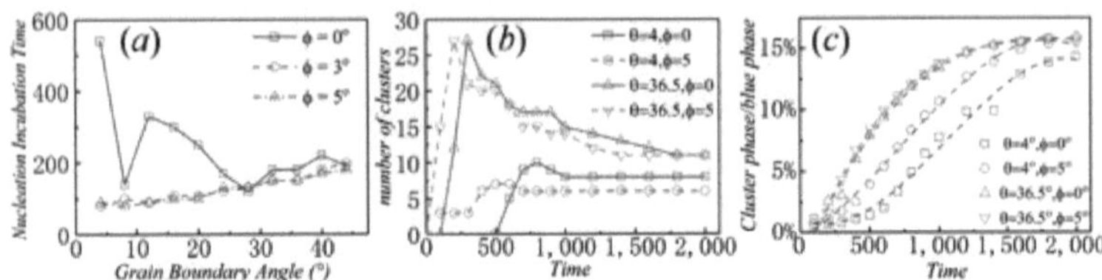

Figura 3-6(a) Tempo de incubação da nucleação em função deθ eϕ ; **(b)** número de aglomerados em função do tempo para diferentes limites de grão; **(c)** fração de fase precipitada em função do tempo para diferentes limites de grão

A Figura 3-6(b) mostra a relação entre o número de aglomerados no contorno de grão e o tempo de evolução. Os resultados mostram que o ângulo de inclinação da orientação do contorno de grão θ tem uma grande influência no número de aglomerados formados, enquanto o ângulo de deflexão do contorno de grãoϕ tem uma pequena influência no número de aglomerados. De um modo geral, a densidade de deslocação nos limites de grão de ângulo elevado é maior e é mais fácil de nucleação, e o número de nucleação nos limites de grão de ângulo elevado já é maior do que nos limites de grão de ângulo baixo no início do envelhecimento. Além disso, o processo de decomposição de modulação de amplitude muito óbvio nos limites de grão de ângulo elevado acelera o movimento dos átomos de soluto para a localização do aglomerado, resultando na rápida decomposição da "fase de limite de grão" rica em soluto formada nos limites de grão no período de envelhecimento precoce para formar múltiplos pontos de nucleação com elevada concentração de soluto, o que tem um grande efeito de promoção na nucleação nos limites de grão. Este processo pode ser verificado na Figura 3-3 e na Figura 3-4, e também pode ser visto na Figura 3-6b que o número de aglomerados nos limites de grão de alto ângulo terá um estágio de crescimento relativamente rápido no estágio inicial de evolução. medida que o átomo de Cu do soluto continua a segregar-se na fronteira do grão, os aglomerados periódicos na fronteira de grão de ângulo elevado fundem-se, resultando numa diminuição do número de aglomerados na fronteira de grão de ângulo elevado tardia. Da mesma forma, embora a decomposição da modulação da amplitude no limite do cristal de ângulo pequeno não seja óbvia, com a segregação do soluto no limite do cristal, o número de aglomerados no limite do cristal também aumentará, mas o aumento é relativamente pequeno. A curva de alteração do número de aglomerados em diferentes tipos de fronteiras cristalinas pode ser verificada na Figura 3-6b. É analisada do ponto de vista da alteração da fração de fase de aglomerado no limite do grão com o tempo de evolução (Figura 3-6(c)), quer se trate de um ângulo grande ou pequeno, o limite cristalino simétrico ou assimétrico não afectará a fração final da fase de aglomerado, e a fração final da fase de precipitação é determinada pelas condições de equilíbrio termodinâmico.

3.4.3 Influência da estrutura do contorno de grão no trabalho de nucleação do contorno de grão

De acordo com o modelo de cálculo do trabalho de nucleação da fase precipitada proposto por Fallan et al. [141], a barreira potencial da nucleação de aglomerados alterar-se-á com a mudança da estrutura dos limites do grão.

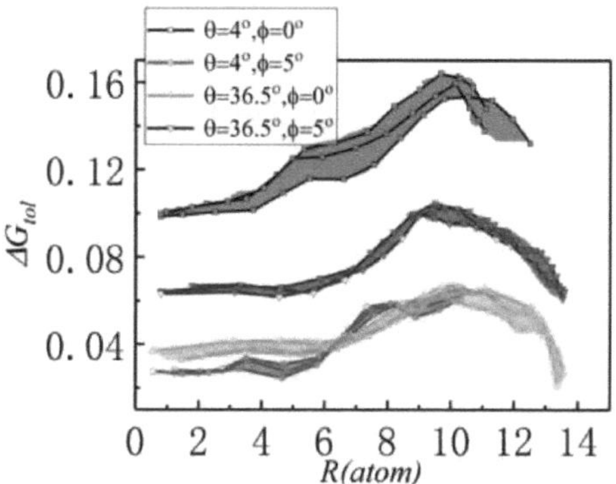

Figura 3-7 Trabalho total de formaçãoΔG_{tol} para a nucleação de aglomerados vs. tamanho R dos aglomerados em vários limites de grão

A Figura 3-7 mostra a influência de diferentes tipos de limites de grão no trabalho de nucleação da fase precipitada. Os resultados apresentados na figura mostram que o trabalho de nucleação da fase precipitada com diferentes tamanhos é diferente. Quando o tamanho inicial da nucleação é inferior ao tamanho crítico, o trabalho de nucleação aumenta com o aumento do tamanho nuclear; quando o tamanho do aglomerado excede o tamanho crítico da nucleação, o trabalho de nucleação diminui com o aumento do tamanho do aglomerado, o que significa que quando o tamanho do aglomerado formado pelo enriquecimento de soluto é maior do que o tamanho crítico de nucleação, o trabalho de nucleação diminuirá com o aumento do tamanho do aglomerado. Tais aglomerados têm maior probabilidade de crescer no processo de engrossamento e, pelo contrário, encolherão e serão facilmente engolidos pela fusão. Como se mostra na Figura 3-7, o núcleo do aglomerado na fronteira cristalina de grande ângulo é geralmente mais pequeno do que o núcleo num ângulo pequeno. Devido à formação de pequenos degraus no limite de grão assimétrico de pequeno ângulo, é mais fácil formar núcleos nesse limite de cristal.

3.5 Estudo da transformação estrutural dos precipitados de contorno de grão

3.5.1 Transição da estrutura ordenada-desordenada

Como mencionado anteriormente, a formação de aglomerados nos limites dos grãos é causada pela decomposição modulada em amplitude do soluto, o que resulta num aumento acentuado da concentração de soluto no ponto de nucleação. Atualmente, a transformação da estrutura de nucleação da fase precipitada no período de envelhecimento precoce é raramente estudada. A Figura 3-8 mostra o diagrama da estrutura atómica do centro do aglomerado e a curva de distribuição dos átomos de Cu do soluto no processo de precipitação precoce nos limites de grão de baixo ângulo.

Pode ver-se na figura 3-8a ampliada da distribuição da composição do soluto que, quando t=510, a concentração de Cu do soluto no pequeno pico é de cerca de 14at% e, com a evolução do tempo, quando t=560, a concentração de Cu do soluto no pequeno pico foi reduzida para cerca de 6at %. A concentração do pico correspondente aumentou de 20 at% para 30 at%, o que verificou ainda mais o processo de decomposição do átomo de Cu no soluto na deslocação do limite de grão de baixo ângulo. Para t=550, a concentração de Cu soluto na posição do aglomerado aumenta para 30at.%, e um precursor de aglomerado desordenado é gerado no limite de grão de baixo ângulo, que é a fase intermédia desordenada (3-8b) antes da formação da fase precipitada. Com uma maior segregação do soluto Cu, a estrutura desordenada do precursor evolui gradualmente para uma fase ordenada estável em t=570.

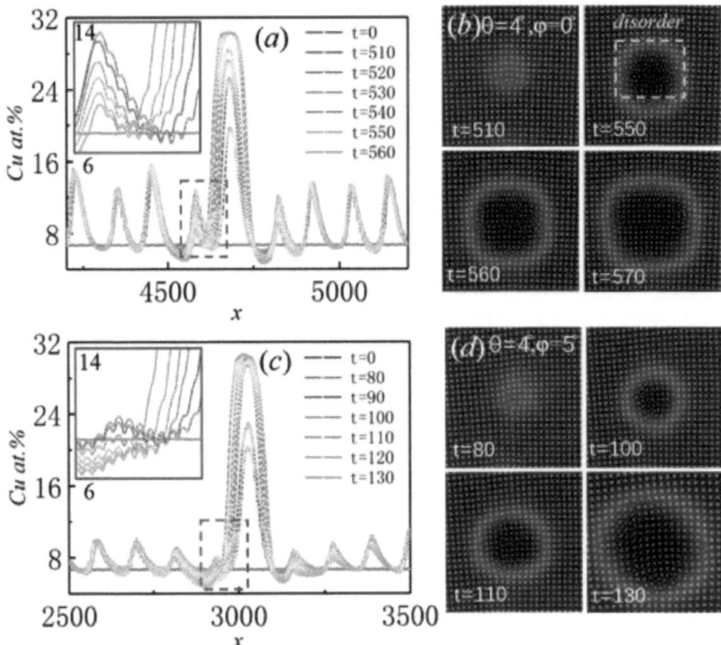

Figura 3-8 Evolução composicional e estrutural dos processos de formação de aglomerados em GBs de baixa inclinação angular. (a) Uma GB simétrica de baixo ângulo de inclinação com ângulo de desorientação θ=4° e orientação do plano da GB φ=0°, (c) uma GB assimétrica de baixo ângulo de inclinação com θ=4° e φ=5°; (b) e (d) são as configurações atómicas dos aglomerados correspondentes a (a) e (c), respetivamente

Se ocorrer uma deflexão de 5° numa fronteira de grão de ângulo pequeno (como se mostra na Figura 3-8d), o tempo de emergência de intermediórios desordenados ser á mais cedo do que o tempo de segregação do átomo de Cu do soluto numa fronteira de grão de ângulo pequeno simétrica. Como mostra a Figura 3-8d, quando o tempo de evolução da segregação do soluto numa fronteira de grão assimétrica de ângulo pequeno é t=100, é difícil observar a existência de intermediários desordenados. Quando o tempo de evolução é t=110 e t=130, a estrutura de fase do centro do aglomerado mudou da estrutura desordenada da fase intermédia para a ordem completa. O processo de precipitação do soluto no limite do grão de Angle pequeno sofreu uma série de alterações estruturais desde o enriquecimento do limite do grão de soluto, mesofase desordenada e estrutura de aglomerado ordenada.

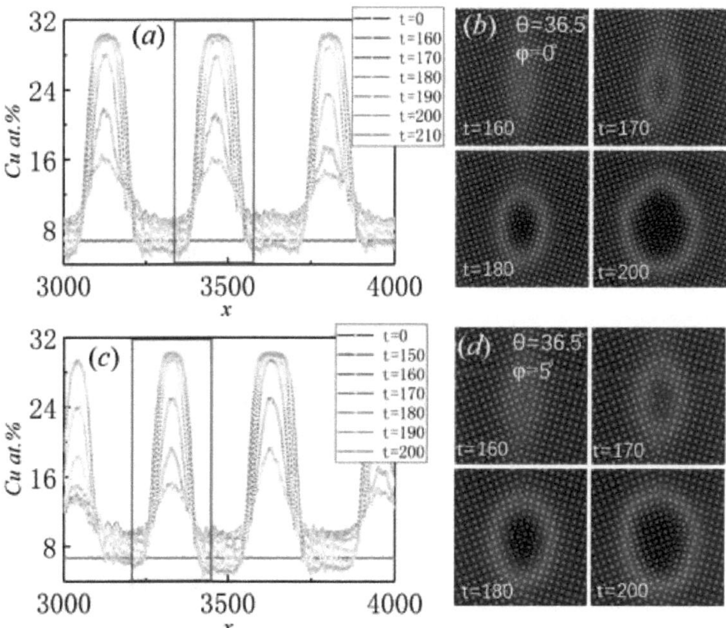

Figura 3-9 Evolução composicional e estrutural dos processos de formação de aglomerados em GBs com inclinação de alto ângulo. (a) Uma GB simétrica de alto ângulo de inclinação com ângulo de desorientação θ=36,5° e orientação do plano da GB φ=0°, (c) uma GB assimétrica de alto ângulo de inclinação com θ=36,5° e φ=5°; (b) e (d) são a configuração atómica do aglomerado correspondente a (a) e (c) respetivamente

Em particular, se a segregação do limite de grão do soluto ocorrer num limite de grão assimétrico, formam-se etapas de deslocação com forte adsorção ao soluto devido à transformação da configuração da deslocação na estrutura do limite de grão, o que acelerará a formação de precipitados ordenados no limite de grão de ângulo pequeno. Uma vez que a "fase de contorno de grão" homogénea formada pela segregação de átomos de soluto em contornos de grão simétricos de grande ângulo sofrerá um processo óbvio de decomposição da modulação da amplitude do soluto durante o envelhecimento (a alteração da curva de composição de Cu do soluto em diferentes intervalos de tempo, como se mostra nas FIG. 3-9a e FIG. 3-9c, também pode ser observada como um fenómeno de difusão ascendente), resultando em flutuações acentuadas na curva de concentração do soluto nos contornos de grão. Os precursores de aglomerados com estrutura desordenada aparecerão primeiro na posição de concentração de pico formada no limite do grão (FIG. 3-9b e FIG. 3-9d), e as posições destes precursores de aglomerados desordenados estão periodicamente dispostas no limite do grão de grande ângulo. Com a evolução das estruturas de aglomerados no contorno de grão, a fase intermédia desordenada no aglomerado transformar-se-á em novas fases estruturais ordenadas em ambos os lados do contorno de grão de grande ângulo. No processo de envelhecimento, as caraterísticas estruturais da nova fase que cresce a partir da fase desordenada também podem ser reflectidas pela alteração da curva de pico da função de distribuição radial (RDF) dos átomos centrais do aglomerado no limite do grão.

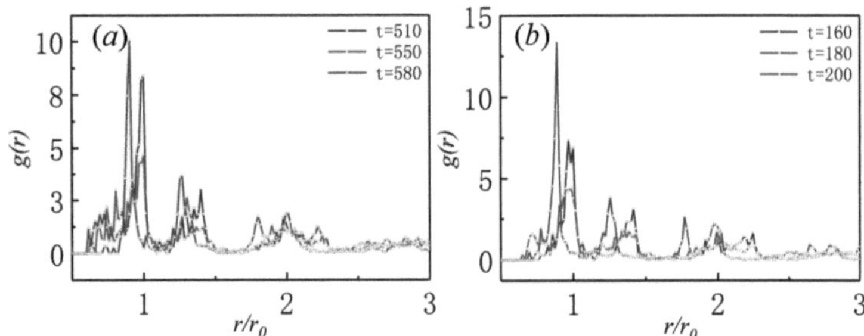

Figura 3-10 Funções de distribuição radial (RDFs) para núcleos durante o processo de agrupamento. (a) Inclinação de baixo ângulo GB com θ=5o e (b) inclinação de alto ângulo GB com θ=36,5o. As curvas a preto, vermelho e azul representam os RDFs da matriz, do precursor de desordem intermédia e da nova fase estável final, respetivamente

As figuras 3-10a e 3-10b representam as funções de distribuição radial das estruturas de aglomerados em limites de grão simétricos de baixo ângulo e de alto ângulo, respetivamente, onde r_0 representa a distância do vizinho mais próximo dos átomos da matriz de alumínio e r representa a distância entre os átomos vizinhos mais próximos na estrutura de aglomerados gerada. A função de distribuição radial pode revelar a informação de intensidade de diferentes átomos vizinhos na estrutura cristalina. Para cristais cúbicos de face centrada, a função de distribuição radial forma geralmente picos caraterísticos acentuados nas faces cristalinas {111} e {200}, mostrando "picos duplos" mais óbvios, e a fase intermédia da estrutura desordenada mostra um pico suave na função de distribuição radial. De acordo com a distribuição radial mostrada em diferentes tempos de evolução (t=510,t= 550,t=580) (FIG. 3-10a), os picos caraterísticos dos limites de grão simétricos de baixo ângulo sofreram um processo de transformação gradual de picos agudos para picos suaves com uma certa largura de pico e depois para picos agudos durante a evolução dos precipitados de limite de grão. Além disso, as posições dos picos agudos gerados por último são diferentes dos picos caraterísticos dos cristais cúbicos centrados na face, indicando que a estrutura da fase recém-gerada é transformada de ordem → desordem → estrutura de ordem, e a estrutura de fase da estrutura ordenada dianteira e traseira não é a mesma, gerando uma nova fase ordenada. Da mesma forma, para limites de grão simétricos de alto ângulo (FIG. 3-10b), o pico caraterístico da fase precipitada na função de distribuição radial dos limites de grão também passa pelo mesmo processo, mas a transformação de ordem → desordem → estrutura de ordem é mais cedo do que o processo de transformação semelhante em limites de grão de baixo ângulo.

Estruturas de aglomerados desordenados semelhantes foram observadas em ligas de alumínio durante a transição da solução sólida para precipitados finais estáveis. No entanto, o processo de formação e a base física dos aglomerados desordenados ainda não são claros, uma vez que continua a ser um grande desafio descrever o processo de formação de aglomerados desordenados em tempo real à escala atómica. Este estudo revela que os aglomerados desordenados são causados pela decomposição modulada em amplitude de soluções sólidas em torno do núcleo do grão, e ilustra sistematicamente a correlação entre a estrutura dos limites do grão e esses aglomerados desordenados.

3.5.2 Relação entre a segregação do soluto e o desfasamento dos limites dos grãos

A Figura 3-11 mostra em pormenor a relação entre a evolução da composição do soluto e a estrutura. A evolução da concentração de soluto nos limites de grão simétricos de pequeno ângulo e de grande ângulo inclinado ao longo do tempo e a influência no desfasamento do limite de grão são comparadas através das curvas a preto e vermelho nas Figuras 3-11a e 3-11b. A curva de enriquecimento da concentração perto do ponto de nucleação pode ser dividida em fase de crescimento lento e fase de crescimento rápido através da segregação do soluto e do processo de decomposição da modulação do contorno de grão. A partir dos resultados da simulação 3-11a, pode observar-se que quando a concentração aumenta para cerca de 15at.%Cu, a decomposição da modulação da amplitude dos limites de grão de ângulo elevado será acionada e a concentração de soluto atingirá rapidamente 30 at%. Da mesma forma, quando a concentração aumenta para cerca de 15at.%Cu, a decomposição da modulação de amplitude também ocorrerá no deslocamento do limite de grão especial no limite de grão de baixo ângulo, e o tempo da decomposição da modulação de amplitude no limite de grão de baixo ângulo é atrasado em comparação com o limite de grão de alto ângulo. Em particular, porque o pequeno degrau no limite de grão assimétrico de pequeno ângulo promove grandemente a segregação de soluto, também é mostrado na Figura 3-11a que o limite de grão deflectido de pequeno ângulo faz com que o conteúdo de soluto aumente rapidamente para a concentração crítica de nucleação (30at.%Cu), significativamente mais cedo do que o tempo de decomposição da modulação de amplitude no limite de grão simétrico de pequeno ângulo. No entanto, a deflexão da fronteira de grão grande apenas faz com que a composição do soluto evolua ligeiramente mais cedo, e o seu efeito não é óbvio.

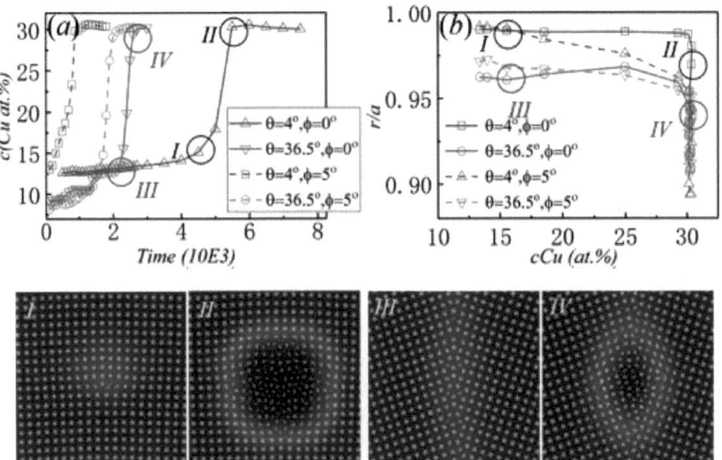

Figura 3-11 O acoplamento entre a evolução composicional e estrutural durante a formação de aglomerados em GBs. (a) Evolução da composição do Cu nos locais de nucleação em função do tempo e da estrutura da GB; (b) Alteração da razão entre o espaçamento atómico médio dos aglomerados r e a constante de rede da fase matriz (a_{matriz}=1) em função da concentração de Cu

A Figura 3-11b mostra a relação entre a configuração atómica e a concentração em torno dos locais de nucleação dos aglomerados. Na primeira fase, dominada pela segregação solsólica, a estrutura da rede das posições de nucleação na FIG. 3-11b(I) e (III) não se alterou muito e manteve uma relação coerente com a rede da solução sólida, e o desfasamento da rede entre elas também foi relativamente pequeno. Na segunda fase, com o processo de decomposição da amplitude dos limites dos grãos, a variação da relaçãor/a reflecte o grau de distorção da rede em torno do núcleo cristalino, e o aumento da concentração de soluto intensifica a distorção da rede entre a fase precipitada e a solução sólida de Al. Um grande número de distorções da rede conduz a um aumento das discrepâncias entre a solução sólida e os parâmetros de fronteira do grão do aglomerado, formando-se então uma fase desordenada metaestável em torno do ponto de nucleação. Quando a concentração do precursor atinge 30%, o desfasamento da rede atinge o máximo,r/a cai drasticamente da segunda para a quarta fase. Aqui, a distorção da rede aumenta inicialmente com o aumento da concentração de soluto para formar aglomerados desordenados, como se mostra na Figura 3-11(II) e (IV). Quando o aumento da distorção da rede excede a capacidade dos aglomerados para acomodar as deformações não correspondentes, forma-se uma fase precipitada estável.

3.6 Resumo do presente capítulo

Neste capítulo, as alterações estruturais dos aglomerados de soluto e a evolução da composição dos átomos de Cu do soluto na liga Al-Cu na fase inicial da precipitação nos limites de grão são simuladas utilizando o modelo cristalino de campo de fase estrutural. As principais conclusões são as seguintes:

1. na fase inicial da formação de aglomerados de contorno de grão, o processo de nucleação passa por três fases: (a) o átomo de Cu do soluto é segregado em direção ao contorno do grão, impulsionado pela adsorção isotérmica de Gibbs; (b) o átomo de Cu do soluto é separado até certo ponto no contorno do grão, e ocorre a decomposição modulada em amplitude, que forma uma região rica em soluto e uma região pobre em soluto com uma diferença óbvia na concentração de soluto. (c) A região rica em soluto irá nuclear-se como ponto de nucleação da fase precipitada.

2. A influência da estrutura do contorno de grão na formação de aglomerados é elucidada. É mais fácil adsorver átomos de soluto em limites de grão grandes e simétricos do que em limites de grão pequenos e simétricos, e os aglomerados formados são distribuídos uniformemente nos limites de grão com periodicidade, mostrando as caraterísticas da "fase de limite de grão". A distribuição dos pontos de nucleação de aglomerados em limites de grão de baixo ângulo é descontínua e só ocorre perto de alguns pontos específicos de deslocação. Quando a fronteira de grão é deflectida, o processo de nucleação de aglomerados na fronteira de grão é acelerado devido à formação de um degrau de deslocação na fronteira de grão de baixo ângulo.

3. As relações entre a barreira de nucleação, o tempo de incubação da nucleação, a taxa de crescimento do número de nucleação, a fração volumétrica da fase precipitada e a diferença de orientação dos limites do grãoθ e o ângulo de deflexão dos limites do grãoϕ são analisadas quantitativamente.

4. Foi revelada a relação de acoplamento entre a mudança de concentração do soluto Cu e a evolução da estrutura do contorno de grão. A segregação no contorno de grão leva a um aumento lento na concentração de cobre soluto no contorno de grão, e há pouca diferença entre a estrutura da zona rica em soluto e a estrutura da solução

sólida, e as duas estruturas mantêm uma relação coerente, e o grau de incompatibilidade é relativamente pequeno. A decomposição modulada em amplitude no limite do grão pode causar uma flutuação significativa na concentração do soluto e levar à transformação da estrutura do aglomerado de ordem → desordem → ordem. A nova fase resultante é diferente da estrutura da solução sólida, e a distorção da rede é significativamente reduzida.

Capítulo 4 Simulação de campo de fase contínua do processo de crescimento de fase precipitada β'' da liga Al-Mg-Si

4.1 Introdução

A liga de alumínio da série 6XXX reforçada pelo envelhecimento tornou-se um material estrutural muito atrativo na indústria da construção civil, no fabrico de automóveis, na construção naval e na indústria aeronáutica, devido à sua resistência média e elevada, excelentes propriedades de superfície, boa resistência à corrosão e preço relativamente baixo [6]. Atualmente, acredita-se que, na liga Al-Mg-Si, a sequência básica de precipitação da fase metaestável a partir da precipitação do envelhecimento em solução sólida saturada e extinta (SSSS) é a seguinte [142,143]:

$$SSSS \rightarrow Mg/Si\ clusters \rightarrow GP\ \mathrm{I}\ zones \rightarrow GP\ \mathrm{II}\ zones/\beta'' \rightarrow \beta' \rightarrow \beta$$

Em particular, deve ser salientado que as partículas da fase precipitada β'' (Mg_5Si_6) com morfologia tipo agulha nestas sequências de precipitação desempenham um papel crucial no aumento da resistência mecânica das ligas de alumínio, e têm a maior eficiência de reforço por envelhecimento. Existem muitas variantes da fase precipitada β'' nas ligas de alumínio da série 6XXX reforçadas pelo envelhecimento, e existem até 12 variantes diferentes em soluções sólidas à base de alumínio [144]. Atualmente, a investigação sobre o processo de precipitação por envelhecimento da liga Al-Mg-Si centra-se principalmente na caraterização experimental, e a maior parte do trabalho realizado é de investigação cristalográfica estática, e várias explicações teóricas baseiam-se também em resultados experimentais estáticos. Analisando os fatores de energia inerentes (energia livre de mudança de fase, energia de deformação elástica, energia de interface, etc.) do ponto de vista da evolução dinâmica, a pesquisa sobre o mecanismo de formação da fase de precipitação β'' não é comum. acoplado com a complexidade do processo de precipitação de envelhecimento da liga de alumínio, o mecanismo de formação de β'' partículas de fase precipitadas em forma de agulha ainda não é completamente compreendido. São urgentemente necessários estudos de modelação para aprofundar este conhecimento e compreensão. Tendo em conta este facto, o processo de evolução da fase precipitada β'' na liga Al-Mg-Si será estudado através de um modelo de campo multifásico melhorado neste capítulo, de modo a revelar o mecanismo de formação da fase precipitada da liga de alumínio reforçada pelo envelhecimento.

4.2 Modelos e métodos

4.2.1β″ estrutura cristalina precipitada monoclínica

4.2.1.1 A relação de orientação entreβ″ e a matriz Al FCC

Com base em dados experimentais e cálculos de primeiros princípios, os parâmetros de rede da matriz de Al e do cristal monoclínicoβ'' na liga Al-Mg-Si são [145]:

$$\begin{cases} a_{Al} = 0.4047nm \\ a_{\beta''} = 1.5118nm, b_{\beta''} = 0.4084nm \\ c_{\beta''} = 0.6928nm, \beta = 110.5^{\circ} \end{cases} \quad (4\text{-}1)$$

Onde,β representa o ângulo entre$a_{\beta''}$ e $c_{\beta''}$ no cristal monoclínicoβ'' . A estrutura da rede cristalina do cristal monoclínicoβ'' é mostrada na Figura 4-1

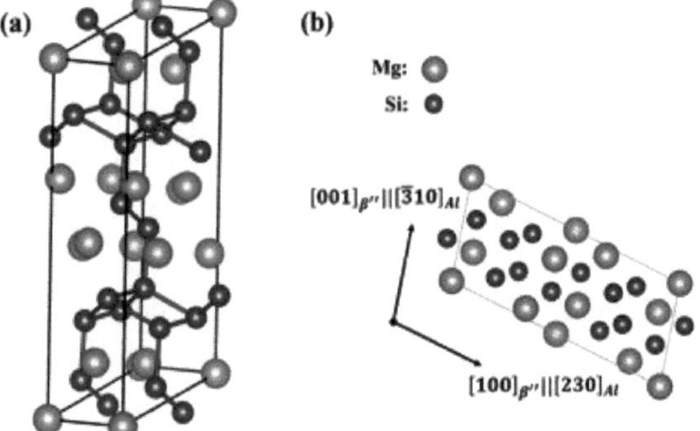

Figura 4-1 (a) A estrutura cristalina deβ ″-Mg_5Si_6 e (b) a sua relação de orientação em relação à matriz Al . Mg: laranja (bolas grandes); Si: azul (bolas pequenas)

4.2.1.2 A deformação sem tensão entreβ″ e a matriz cúbica de face centrada em Al

A fase monoclínicaβ'' é precipitada a partir da matriz de alumínio cúbico de face centrada, e o produto de transição de fase de envelhecimentoβ'' é incorporado na solução sólida à base de alumínio com a forma de coerência interfacial. A constante de rede de duas fases e a relação de orientação entre elas determinam a magnitude da deformação sem tensão na interface. Durante o processo de envelhecimento da liga Al-Mg-Si, a fase cristalinaβ'' monoclínica é precipitada a partir da matriz de alumínio de estrutura cúbica de face centrada, e até 12 variantes da faseβ'' com diferentes orientações são formadas durante a transformação de fase. A Tabela 4-1 lista as relações de orientação de todas as 12β'' variantes em a matriz de

Al. Para facilitar a descrição, as doze variantes da faseβ'' são numeradas aqui usando uma combinação das letras maiúsculas A, B, C, D e os números 1,2,3, e as letras A, B, C, D indicam as quatro orientações da varianteβ'' presentes no plano Al{100} específico. Os subscritos numéricos 1,2, e 3 correspondem aos planos (100), (010), e (001) do cristal cúbico de face centrada baseado em Al. A relação de fase entre estas 12 variantes e a matriz de Al é mostrada na Figura 4-2a. A relação de orientação entre as quatro variantes monoclínicas e o plano (001) da matriz de Al também é mostrada nesta figura, como mostrado na Figura 4-2b.

Tabela 4-1 A relação de orientação entre as 12 variantes da faseβ'' e a matriz de Al

$A1: \begin{cases} (100)_{\beta''} \parallel (023)_{Al} \\ (010)_{\beta''} \parallel (\bar{1}00)_{Al} \\ (001)_{\beta''} \parallel (0\bar{3}1)_{Al} \end{cases}$	$A2: \begin{cases} (100)_{\beta''} \parallel (302)_{Al} \\ (010)_{\beta''} \parallel (0\bar{1}0)_{Al} \\ (001)_{\beta''} \parallel (10\bar{3})_{Al} \end{cases}$	$A3: \begin{cases} (100)_{\beta''} \parallel (230)_{Al} \\ (010)_{\beta''} \parallel (00\bar{1})_{Al} \\ (001)_{\beta''} \parallel (\bar{3}10)_{Al} \end{cases}$
$B1: \begin{cases} (100)_{\beta''} \parallel (0\bar{3}2)_{Al} \\ (010)_{\beta''} \parallel (\bar{1}00)_{Al} \\ (001)_{\beta''} \parallel (0\bar{1}\bar{3})_{Al} \end{cases}$	$B2: \begin{cases} (100)_{\beta''} \parallel (20\bar{3})_{Al} \\ (010)_{\beta''} \parallel (0\bar{1}0)_{Al} \\ (001)_{\beta''} \parallel (\bar{3}0\bar{1})_{Al} \end{cases}$	$B3: \begin{cases} (100)_{\beta''} \parallel (\bar{3}20)_{Al} \\ (010)_{\beta''} \parallel (00\bar{1})_{Al} \\ (001)_{\beta''} \parallel (\bar{1}\bar{3}0)_{Al} \end{cases}$
$C1: \begin{cases} (100)_{\beta''} \parallel (0\bar{3}\bar{2})_{Al} \\ (010)_{\beta''} \parallel (100)_{Al} \\ (001)_{\beta''} \parallel (0\bar{1}3)_{Al} \end{cases}$	$C2: \begin{cases} (100)_{\beta''} \parallel (30\bar{2})_{Al} \\ (010)_{\beta''} \parallel (010)_{Al} \\ (001)_{\beta''} \parallel (30\bar{1})_{Al} \end{cases}$	$C3: \begin{cases} (100)_{\beta''} \parallel (\bar{3}\bar{2}0)_{Al} \\ (010)_{\beta''} \parallel (001)_{Al} \\ (001)_{\beta''} \parallel (\bar{1}30)_{Al} \end{cases}$
$D1: \begin{cases} (100)_{\beta''} \parallel (0\bar{2}\bar{3})_{Al} \\ (010)_{\beta''} \parallel (100)_{Al} \\ (001)_{\beta''} \parallel (031)_{Al} \end{cases}$	$D2: \begin{cases} (100)_{\beta''} \parallel (30\bar{2})_{Al} \\ (010)_{\beta''} \parallel (010)_{Al} \\ (001)_{\beta''} \parallel (103)_{Al} \end{cases}$	$D3: \begin{cases} (100)_{\beta''} \parallel (\bar{2}30)_{Al} \\ (010)_{\beta''} \parallel (001)_{Al} \\ (001)_{\beta''} \parallel (310)_{Al} \end{cases}$

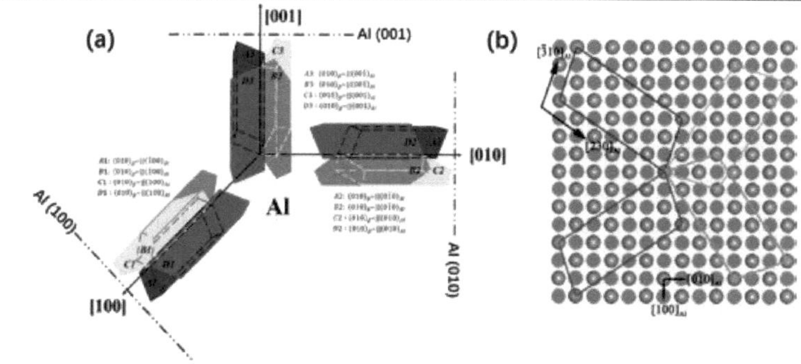

Figura 4-2 (a) Ilustração esquemática de 12 variantes da fase monoclínica em matriz cúbica e **(b)** quatro variantes da faseβ'' e a sua relação de orientação com a matriz (001) de Al

A partir da relação do parâmetro de rede de (4-1), o valor da tensão intrínseca de cada partícula de fase precipitada com a matriz de Al pode ser calculado, por exemplo, o valor da tensão livre de tensão entre a variante A3 e a matriz de Al pode ser calculado da seguinte maneira. A relação de fase da variante da fase de precipitação β″ marcada com A3 e a superfície da matriz de Al {100} é: $(100)_{\beta''}||(230)_{Al}$, $(010)_{\beta''}||(00\bar{1})_{Al}$, $(010)_{\beta''}||(00\bar{1})_{Al}$. A correspondência entre a estrutura cristalina bifásica é$a_{\beta''}\sim\sqrt{13}a_{Al}$, $b_{\beta''}\sim a_{Al}$, $c_{\beta''}\sim\sqrt{10}a_{Al}$, assumindo que toda a variação de fase precipitadaβ'' e a interface entre o substrato de alumínio em um estado de relação de co-grade, a matriz do tensor de tensão$\varepsilon_{\beta''}$ entre a variante e a matriz de alumínio pode ser expressa como:

$$\varepsilon_{\beta''} = \begin{pmatrix} \frac{a_{\beta''} - \sqrt{13}a_{Al}}{\sqrt{13}a_{Al}} & 0 & 0 \\ 0 & \frac{a_{\beta''} - a_{Al}}{a_{Al}} & 0 \\ 0 & 0 & \frac{a_{\beta''} - \sqrt{10}a_{Al}}{\sqrt{10}a_{Al}} \end{pmatrix} = \begin{pmatrix} 0.036 & 0 & 0 \\ 0 & 0.009 & 0 \\ 0 & 0 & 0.083 \end{pmatrix}$$

O produto precipitado de envelhecimentoβ'' é uma fase metaestável e só pode manter a sua estrutura cristalina sob a restrição mecânica gerada pela matriz de Al. Devido ao pequeno tamanho da fase precipitada na matriz, a distribuição elástica em torno da fase precipitada não pode ser determinada por caraterização experimental convencional. Atualmente, a energia de distorção elástica em torno de diferentesβ'' variantes pode ser calculada pela teoria da elasticidade linear. A Tabela 4-2 mostra as constantes elásticas da faseβ'' calculadas pelo método dos primeiros princípios [147,148].

É de notar que as constantes elásticas da matriz de alumínio e da faseβ'' são calculadas em sistemas de coordenadas diferentes (sistemas de coordenadas cristalinas cúbicas e monoclínicas, respetivamente). Durante o processo de envelhecimento, a faseβ'' é precipitada da matriz de Al. Neste momento, o sistema de coordenadas global do sistema é um sistema de coordenadas cristalinas cúbicas, pelo que a transformação de coordenadas do tensor de segunda ordem (tensor de deformação) e do tensor de quarta ordem (tensor de rigidez) deve ser efectuada para todas as partículas da fase precipitada na simulação do campo de fases. O método específico de transformação de coordenadas e a matriz de deformação própria e a matriz de constante elástica após a rotação são apresentados no Apêndice A.

Tabela 4-2 Constantes elásticas da estrutura FCC do Al e da estrutura cristalina monoclínica doβ''

Constantes elásticas (GPa)	Al (FCC) [147]	β'' (Monoclínico) [148]
C_{11}	108	116
C_{22}	108	119
C_{33}	108	93
C_{12}	62	43
C_{13}	62	56
C_{14}	0	-6
C_{23}	62	45
C_{24}	0	12
C_{34}	0	10
C_{44}	28.3	28
C_{46}	0	2
C_{55}	28.3	18
C_{66}	28.3	32

4.2.1.3 Energia da interface entre β'' e a matriz cúbica de face centrada em Al

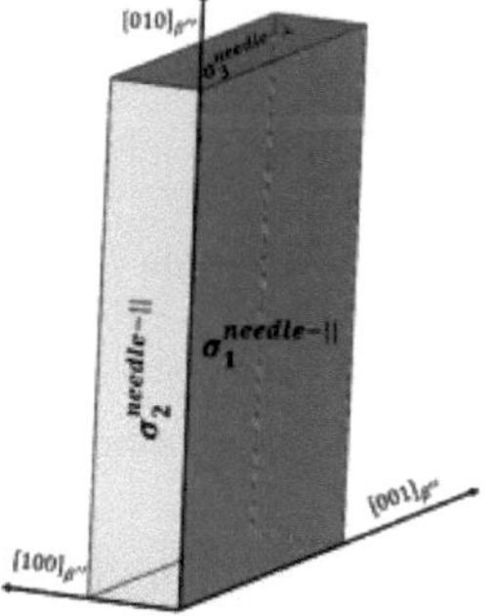

Figura 4-3 Esquema das densidades de energia da interface ($\sigma_1 \approx \sigma_2 < \sigma_3$) em diferentes faces do precipitado monoclínico β''

A energia elástica gerada pelo desajuste da rede não pode explicar totalmente a morfologia da fase precipitada em forma de agulha observada durante a precipitação de envelhecimento da liga Al-Mg-Si. Para explicar o mecanismo de formação da fase precipitada acicular, a anisotropia da energia interfacial dos precipitadosβ'' também deve ser considerada na simulação do campo de fases. Tal como acontece com a determinação da tensão intrínseca, é atualmente difícil obter os parâmetros de energia da interface bifásica diretamente a partir de experiências, devido às propriedades metaestáveis doβ'' e ao seu tamanho relativamente pequeno. No entanto, Wang et al. [145] calcularam a energia interfacial entre a fase precipitadaβ'' e a matriz de Al utilizando o método da dinâmica molecular primária.

Os cálculos primários de dinâmica molecular mostram que existem grandes diferenças na densidade de energia da interface entre as diferentes superfícies cristalinas de Al/β'' , e a diferença entre o valor mais elevado de energia da interface e o valor mais baixo de densidade de energia da interface é de cerca de 3 vezes. Para cristais monoclínicos, a estrutura consiste em duas faces cristalinas com densidade de energia interfacial relativamente baixa e uma face cristalina com densidade de energia interfacial relativamente alta. Através da observação experimental, pode-se ver que as duas superfícies cristalinas são duas superfícies cristalinas paralelas à matriz Al na direção de alongamento do precipitado em forma de agulha β'' (como mostrado na Figura 4-3, amarelo e azul indicam as duas faces cristalinas com densidade de energia interfacial relativamente pequena). A sua relação de posição é$(100)_{\beta''}||(230)_{Al}$ 和 $(001)_{\beta''}||(\bar{3}10)_{Al}$, respetivamente. Através do cálculo, a energia interfacial destas duas superfícies cristalinas é de 100 mJ-m^{-2} e 124 mJ-m^{-2}.A densidade de energia interfacial no topo da fase precipitadaβ'' acicular é maior, como mostrado na Figura 4-3, e a relação de fase com a matriz de alumínio é$(010)_{\beta''}||(00\bar{1})_{Al}$. A energia interfacial é calculada como sendo ~300 mJ-m^{-2} por dinâmica molecular primária.

4.2.2 Modelo de campo multifásico melhorado

Este estudo adopta um modelo de campo multifásico melhorado que foi utilizado para estudar o processo de precipitação por envelhecimento da fase precipitada β '' no sistema de liga Al-Mg-Si. O modelo de campo multifásico inicial foi proposto pela primeira vez por Steinbach et al. [15]. No modelo de campo de fases, a fração de fase da liga é descrita pela variável de campo ,$\phi\phi$ varia continuamente e muda suavemente de 0 para 1 na interface entre a matriz e a fase precipitada. No presente estudo, a notaçãoϕ_α é utilizada para indicar a fase matriz eϕ_β é utilizada para indicar a fase precipitada. Note-se que no modelo de campo de fases o subscritoβ = 1 ... n é utilizado para distinguir as partículas da fase precipitada de diferentes orientações, e n representa o número de partículas da fase precipitada. Este estudo tem como objetivo elaborar de forma abrangente o modelo de campo multifásico de Steinbach, a declaração relevante das equações originais do campo multifásico continua a ser mantida ao apresentar o modelo. De acordo com a teoria do campo de fases, a evolução dinâmica da variável de campo ϕ é realizada através de equações cinéticas não conservadoras:

$$\frac{\partial \phi_\alpha(r,t)}{\partial t} = -\frac{1}{N}\sum_{\alpha=1\neq\beta}^{N} M_{\alpha\beta}\left[\frac{\delta F}{\delta \phi_\alpha} - \frac{\delta F}{\delta \phi_\beta}\right] \tag{4-2}$$

Onde$M_{\alpha\beta}$ representa a mobilidade da interface bifásica e N representa o número de fases locais. Quando N=2, o sistema transitará naturalmente para um sistema de duas fases. A forma anti-simétrica das variantes da variável de campo de fase da energia total do sistema na equação (4-2) pode ser auto-consistente com uma restrição de fração de fase$\sum_{\alpha=1}^{N} \dot{\phi} = 0$ imposta em cada ponto da rede na região de simulação, ou seja, o conteúdo total da fração de fase em cada ponto da região não se altera com o tempo de evolução. Ao definir a fração de fase$\phi_\alpha \in [0,1]$, cada ponto da rede na região de simulação tem uma relação$\sum_{\alpha=1}^{N} \phi_\alpha = 1$, que é a condição de normalização da fração de fase. F representa a energia total do sistema, fazendo$\mathcal{F}^{interface}$, $\mathcal{F}^{chemical}$ 和$\mathcal{F}^{elastic}$ são a energia de interface, energia livre química e densidade de energia elástica do sistema, respetivamente, então o funcional de energia total do sistema pode ser expresso como segue:

$$F = \int (\mathcal{F}^{interface} + \mathcal{F}^{chemical} + \mathcal{F}^{elastic})dV \tag{4-3}$$

Onde$V$ representa o volume da região simulada. A energia da interface na equação (4-3) pode ser dada pela seguinte equação:

$$\mathcal{F}^{interface} = \sum_{\alpha=1\neq\beta}^{N}\sum_{\beta>\alpha}^{N} \frac{8\sigma_{\alpha\beta}(\theta,\varphi)}{\eta}\left[-\frac{\eta^2}{\pi^2}\nabla\phi_\alpha \cdot \nabla\phi_\beta + \phi_\alpha\phi_\beta\right] \tag{4-4}$$

Ondeη é a largura da interface de difusão, enquanto$\sigma_{\alpha\beta}(\theta,\varphi)$ é a função de anisotropia da energia interfacial. No modelo de campo multifásico, a função de anisotropia da energia interfacial é utilizada para descrever a anisotropia da energia interfacial [149]:

$$\sigma(\theta,\varphi) = \sigma_1^{\text{needle-}||}\Big(\big(cos(\varphi)sin(\theta)\big)^2 + \sigma_2^{\text{needle-}||}\big(sin(\varphi)sin(\theta)\big)^2 + \sigma_3^{\text{needle-}\perp}\big(cos(\theta)\big)^2\Big) \tag{4-5}$$

Onde $\varphi = arctan(\vec{n}_y/\vec{n}_x)$ e $\theta = arctan(\sqrt{\vec{n}_x^2 + \vec{n}_y^2}/\vec{n}_z)$ são expressões para os ângulos polar e azimutal, respetivamente. $\vec{n} = -\nabla\phi/|\nabla\phi|$ é o vetor normal unitário da variável de campo de fase ϕ . Os parâmetros $\sigma_1^{\text{needle-}||}$, $\sigma_2^{\text{needle-}||}$ e $\sigma_3^{\text{needle-}\perp}$ na equação (4-5) representam diferentes parâmetros de densidade de energia de interface da interface $\mathrm{A1}/\beta''$ (como mostrado na Figura 4-3). A energia livre química e a energia elástica de todo o sistema são expressas pela fração linear ponderada de cada fase:

$$\mathcal{F}^{chemical} = \sum_{\alpha=1}^{N} \phi_\alpha \mathcal{F}_\alpha\,(c_\alpha) + \mu\left(c - \sum_{\alpha=1}^{N} \phi_\alpha c_\alpha\right) \tag{4-6}$$

$$\mathcal{F}^{elastic} = \frac{1}{2} \sum_{\alpha=1}^{N} \phi_\alpha[\epsilon_\alpha^{ij} - \epsilon_\alpha^{*ij}]C_\alpha^{ijkl}[\epsilon_\alpha^{kl} - \epsilon_\alpha^{*kl}] \tag{4-7}$$

Na equação (4-6), μ é o multiplicador de Lagrange, numericamente igual ao potencial químico na interface, $c = \sum_{\alpha=1}^{N}(\phi_\alpha c_\alpha)$ é a concentração total dos átomos de soluto, a concentração total dos átomos de soluto é igual à soma da concentração da fase em cada fase, $f_\alpha(c_\alpha)$ é a energia livre química da fase α , e é uma função do componente da fase c_α .A energia elástica é definida de acordo com as variáveis associadas à elasticidade nas diferentes fases, por exemplo, a deformação total ϵ_α^{ij} na fase α , a deformação caraterística ϵ_α^{*ij} , e a matriz elástica C_α^{ijkl} . Substituir as fórmulas (4-6) e (4-7) na equação evolutiva (4-2) da fração de fase ϕ, e derivar a equação evolutiva de ϕ como se segue:

$$\dot{\phi}_\alpha = \frac{\mu}{N} \sum_{\beta=1\neq\alpha}^{N} \left[\sum_{\gamma=1\neq\beta}^{N} [\sigma_{\beta\gamma} - \sigma_{\alpha\gamma}]\left[\nabla^2\phi_\gamma + \frac{\pi^2}{\eta^2}\phi_\gamma\right] + h(\{\phi_\alpha\})\left[\Delta G^{chemical} + \Delta G^{elastic}\right] \right] \tag{4-8}$$

Onde $h(\{\phi_\alpha\}) = \frac{\pi}{\eta}\sqrt{\phi_\alpha(1-\phi_\alpha)}$ é a função de obstáculo bilateral e fornece a barreira de energia para a transição de fase. ΔG^i representa a força motriz da transição de fase. A expressão da força motriz química é a seguinte:

$$\Delta G_{\alpha\beta}^{chemical} = -\left(\frac{\partial}{\partial\phi_\alpha} - \frac{\partial}{\partial\phi_\beta}\right)\mathcal{F}^{chemical} \tag{4-9}$$
$$= -f_\alpha(c_\alpha) + f_\beta(c_\beta) + \mu(c_\alpha - c_\beta)$$

c_α ec_β são concentrações de fase em diferentes fases, e o potencial químicoμ para cada fase no sistema pode ser calculado de acordo com a expressão de energia livre para cada fase fornecida pela base de dados CALPHAD. Quando o sistema atinge o estado de equilíbrio, o potencial químicoμ na fórmula (4-9) é igual em todas as interfaces e pontos de junção do sistema:

$$\mu = \frac{\partial f_\alpha}{\partial c_\alpha} = \frac{\partial f_\beta}{\partial c_\beta} \tag{4-10}$$

O tempo necessário para o equilíbrio mecânico na mudança de fase no estado sólido é extremamente curto, e o processo dinâmico de evolução do sistema pode ser considerado como equilíbrio quase mecânico. A sua equação de equilíbrio mecânico é:

$$\nabla\sum_{\alpha=1}^{N}\phi_\alpha C_\alpha(\epsilon_\alpha - \epsilon_\alpha^*) = \nabla^i\frac{\delta F}{\delta\epsilon^{ij}} = 0 \tag{4-11}$$

Para todas as fasesα ,β , existe $(\epsilon_\alpha^{ij} - \epsilon_\alpha^{*ij})C_\alpha^{ijkl} = \left(\epsilon_\beta^{ij} - \epsilon_\beta^{*ij}\right)C_\beta^{ijkl} = (\epsilon^{ij} - \epsilon^{*ij})C^{ijkl}$, $\epsilon^{ij} - \epsilon^{*ij} = \sigma^{kl}[C^{ijkl}]^{-1}$. Aqui, é necessário introduzir os conceitos de deformação intrínseca efetivaϵ^{*ij} e matriz elástica efetivaC^{ijkl} para lidar com o problema de equilíbrio de tensão da interface de fase em um sistema multifásico. Na interface de fase, a deformação efetiva e a matriz elástica efetiva causada pela manipulação de diferentes contatos de interface, tratando a fração de fase como um peso linearmente ponderado [127]:

$$\epsilon^{ij} - \epsilon^{*ij} = \sum_{\alpha=1}^{N}\phi_\alpha\left(\epsilon_\alpha^{ij} - \epsilon_\alpha^{*ij}\right) \tag{4-12}$$

A matriz elástica efectiva é:

$$C^{ijkl} = \left[\sum_{\alpha=1}^{N}\phi_\alpha[C_\alpha^{ijkl}]^{-1}\right]^{-1} \tag{4-13}$$

O$[C_\alpha^{ijkl}]^{-1}$ na fórmula é o inverso do tensor de rigidez elástica, a chamada matriz de flexibilidade. A força motriz elástica é calculada da mesma forma que a força motriz química, como se segue:

$$\Delta G_{\alpha\beta}^{elastic} = -\left(\frac{\partial}{\partial\phi_\alpha} - \frac{\partial}{\partial\phi_\beta}\right)\mathcal{F}^{elastic} \tag{4-14}$$

$$= \left(\epsilon^{ij} - \epsilon^{*ij}\right)C^{ijkl}\left\{\left(\epsilon_\alpha^{*kl} - \epsilon_\beta^{*kl}\right)\right.$$

$$\left.-\frac{1}{2}\left([C_\alpha^{klmn}]^{-1} - [C_\beta^{klmn}]^{-1}\right)C^{mnop}(\epsilon^{op} - \epsilon^{*op})\right\}$$

A primeira parte da equação explica a diferença na deformação intrínseca entre a matriz e as partículas da fase precipitada, e a segunda parte explica a diferença na energia elástica. No modelo de campo multifásico, a equação de evolução cinética da concentração de soluto é obtida através da equação de Cahn-Hilliard do campo conservativo, como se segue: [127]:

$$\phi_\alpha \dot{c}_\alpha^i = \nabla\left(\phi_\alpha \sum_{j=1}^{n-1} D_{i,j}^n \nabla c_\alpha^i\right) \tag{4-15}$$

A equação (4-15) representa a evolução da concentração do campo de fase ao longo do tempo. $\dot{c}_\alpha^i$ refere-se à mudança de um componente específico i na fase α . $D_{i,j}^n$ representa o coeficiente de interdifusão desse componente específico na fase α . A sua expressão é a seguinte:

$$D_{i,j}^n = \sum_{K=1}^{n}(\delta_{Ki} - c_i)c_K M_K\left(\frac{\partial\mu_K}{\partial c_j} - \frac{\partial\mu_K}{\partial c_n}\right) \tag{4-16}$$

Em que M_K representa a mobilidade atómica (disponível na base de dados cinéticos CALPHAD), δ_{Ki} é a função delta de Kronecker e μ_K é o potencial químico do componente k.

4.2.3 Acoplamento do modelo de campo de fase e da base de dados CALPHAD

Para a fase φ com três grupos (1,2,3), a expressão da energia livre de Gibbs G_m^φ é [150]:

$$G_m^\varphi = \sum_{i=1}^{3} x_i G^0 + RT[x_1 ln(x_1) + x_2 ln(x_2) + x_3 ln(x_3)] + G^{ex} \tag{4-17}$$

Onde x_1 , x_2 e x_3 são as fracções molares dos diferentes componentes, G^0 representa a energia de Gibbs molar padrão do elemento puro i. O segundo termo à direita da equação (4-17) representa a contribuição da entropia de mistura ideal para a energia de Gibbs, e o terceiro termo G^{ex} à direita da equação é a energia livre de Gibbs em excesso. No cálculo do diagrama de fases, os parâmetros de interação do excesso de energia livre de Gibbs da fase ternária são dados utilizando o polinómio linear de Redlich-Kister (R-K). No âmbito do CALPHAD, a energia livre de Gibbs de cada fase é descrita por modelos termodinâmicos adequados, e o modelo termodinâmico escolhido depende da estrutura da rede e das propriedades físico-químicas da fase. Para compostos intermetálicos e soluções sólidas intersticiais, o modelo termodinâmico da sub-rede é geralmente escolhido para descrever a composição da fase. Neste estudo, foi calculado o diagrama de fases do sistema de liga ternária Al-Mg-Si à temperatura de 473K, e os dados termodinâmicos da fase metaestável β'' no sistema de liga foram reavaliados utilizando os dados de entalpia de formação calculados a partir do primeiro princípio.

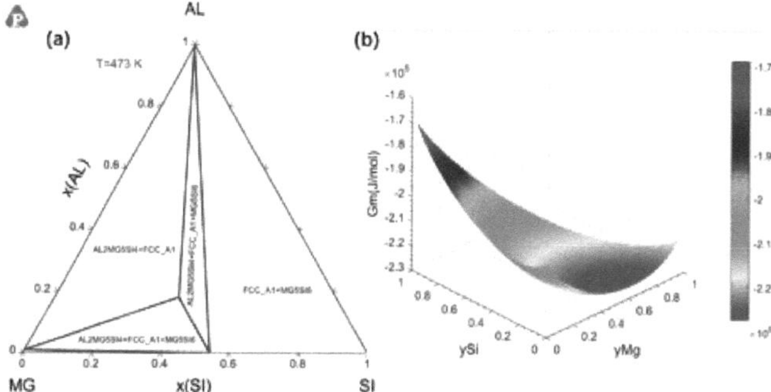

Figura 4-4 (a) Diagrama de fases Al-Mg-Si calculado (inclui a fase metaestável) a 473 K de acordo com a base de dados termodinâmica de Povoden et al. e **(b)** energia livre da liga ternária Al-Mg-Si em função da composição

Acredita-se geralmente que a expressão estequiométrica da fase monoclínica do β'' com grupo de pontos espaciais C2/m é Mg5Si6[152]. De acordo com Zhang et al. [153], o modelo de matriz de subpontos de β'' é (Mg)5(Si)6. Por definição, a expressão da energia livre de um composto quimiométrico é apenas uma função da temperatura T. Uma vez que não existe uma variável componente na expressão da energia livre do composto estequiométrico, significa que os componentes da liga não têm intervalo de solubilidade na fase precipitada β''. A evolução da concentração da fase na simulação do campo de fases requer a alteração do potencial químico (a derivada parcial da função de energia livre para o componente da fase) de cada componente na fase, pelo que é muito difícil modelar numericamente o composto estequiométrico pelo método do campo de fases. Os novos resultados experimentais mostram que a posição da matriz de pontos do Si pode ser parcialmente substituída por átomos de Al na estrutura cristalina doβ'' -Mg5Si6. Uma vez que a posição da matriz de pontos do Si é parcialmente substituída pelo átomo de Al, o modelo de sub-rede contendo alumínioβ'' pode ser descrito como (Mg)5(Al,Si)6. A expressão da energia de Gibbs para a faseβ'' contendo Al é:

$$G_p^{\beta''} = y_{Al} \cdot y_{Mg} \cdot G_{Al:Mg} + y_{Mg} \cdot y_{Si} \cdot G_{Mg:Si} \\ +RT\left[5 * y_{Mg} ln y_{Mg} + 6(y_{Al} ln y_{Al} + y_{Si} ln y_{Si})\right] \quad (4\text{-}18)$$

Na expressãoy_{Al} , y_{Mg} , y_{Si} representa a fração de ponto no modelo de subpontoβ'' . A relação entre a fração molar e a fração de ponto é:$x_\beta^{mg} = 5 * y_{Mg}/11$, $x_\beta^{Al} = 6 * y_{Al}/11$, $x_\beta^{Si} = 6 * y_{Si}/11$ e$y_{Al} + y_{Si} = 1$ 。. A relação entre a fração molar e a concentração do componente é$x_i = V_m c_i$, em queV_m é o volume molar.

A densidade de energia livre do sistema na equação (4-6) pode ser ponderada pela densidade de energia livre de Gibbs de todas as fases, cuja expressão é $\sum_{\alpha=1}^{N} \phi_\alpha f_\alpha(c_\alpha)$. A expressão da energia livre da fase$G_\alpha(T,P,x_\alpha)$ pode ser obtida através da modelação CALPHAD, e depois através do volume molarV_m , para a expressão da densidade de energia livre da fase:

$$f_\alpha(c_\alpha) = \frac{G_\alpha(T,P,x_\alpha)}{V_m} \quad (4\text{-}19)$$

A expressão da energia livre de Gibbs molar para a fase da matriz de Al pode utilizar as seguintes expressões

$$G_m^{fcc} = G_{Al}^0 \cdot x_{Al} + G_{Mg}^0 \cdot x_{Mg} + G_{Si}^0 \cdot x_{Si} + R \cdot T \\ \cdot \left[x_{Al} \cdot ln(x_{Al}) + x_{Mg} \cdot ln(x_{Mg}) + x_{Si} \cdot ln(x_{Si})\right] \\ + x_{Al} \cdot x_{Mg} \cdot \sum_{i=0}^{n} L_{Al,Mg}^{FCC,i} \cdot (x_{Al} - x_{Mg})^i + x_{Al} \cdot x_{Si} \\ \cdot \sum_{i=0}^{n} L_{Al,Si}^{FCC,i} \cdot (x_{Al} - x_{Si})^i + x_{Mg} \cdot x_{Si} \cdot \sum_{i=0}^{n} L_{Mg,Si}^{FCC,i} \\ \cdot (x_{Mg} - x_{Si})^i \quad (4\text{-}20)$$

Uma vez que o modelo de sub-rede da fase de matriz de alumínio tem apenas uma sub-rede (Al, Mg, Si), a fração molar e a fração de rede são numericamente iguais:$x_\alpha^{Al} = x_{Al}$, $x_\alpha^{mg} = x_{mg}$, .$x_\alpha^{Si} = x_{Si}$

De acordo com a avaliação termodinâmica do diagrama de fases, os parâmetros termodinâmicos utilizados em várias expressões energéticas no sistema Al-Mg-Si são apresentados no Apêndice C:

4.2.4 Definição dos parâmetros de simulação

A simulação do campo de fases neste capítulo é efectuada em três dimensões. No estado inicial, a composição do sistema de liga Al-Mg-Si é Al-0,94%Mg-0,47%Si (ambas as fracções molares). O tamanho da área de simulação de campo de fase é ,$64\Delta x \times 64\Delta x \times 64\Delta x \Delta x$ representa o tamanho do passo espacial no modelo de campo de fase. Todas as simulações tomam o sistema de coordenadas da matriz de Al como sistema de coordenadas global, onde os eixos x, y e z correspondem às direcções [100], [010] e [001] da estrutura cúbica centrada na superfície da matriz de alumínio, respetivamente.

Tabela 4-3 Parâmetros utilizados na simulação de campo de fase do envelhecimento da liga Al-Mg-Si

Parâmetros	Símbolos	Valores/Expressões
Espaçamento da grelha	Δx	$1 \times 10^{-9} m$
Largura da interface	η	$5 \times 10^{-9} m$
Passo de tempo inicial	Δt	$(\Delta x)^2 / D_{ij} = 1\ s$
Energia de interface	σ	Eq. (4-5) $\sigma_1^{\text{needle-}\parallel} = 0.1\ J/m^2$, $\sigma_2^{\text{needle-}\parallel} = 0.124\ J/m^2$, $\sigma_3^{\text{needle-}\perp} = 0.3\ J/m^2$.[145]
Mobilidade da interface	$M_{\alpha\beta}$	$1 \times 10^{-14}\ m^4\ J^{-1} s^{-1}$
Difusividade química	D	$D_{i,j}^n = \sum_{K=1}^n (\delta_{Ki} - c_i) c_K M_K \left(\frac{\partial \mu_K}{\partial c_j} - \frac{\partial \mu_K}{\partial c_n}\right)$[154] $M_K = \frac{1}{RT} exp\left(\frac{\Phi_K}{RT}\right)\ K = Al, Mg, Si.$[150]
Temperatura de simulação	T	$473\ K$
Volume molar	V_m	$1.2 \times 10^{-5} m^3/mol$

Como mencionado acima, existem quatroβ'' fases precipitadas com diferentes orientações em cada plano {001} da matriz de Al. A fim de considerar de forma abrangente a influência da anisotropia energética da interface da fase precipitada e da anisotropia elástica na morfologia. Nesta simulação de campo de fase, umaβ'' variante foi retirada das direcções [100], [010] e [001] da matriz de alumínio para simular a evolução das partículas da fase precipitada. As trêsβ'' variantes da fase precipitada são, respetivamente, A3, B2 e C1 na Tabela 4-1. Desta vez, três núcleos esféricos distribuídos aleatoriamente no espaço com raios ligeiramente diferentes são tomados como o estado inicial da simulação do campo de fase. O tamanho dos núcleos iniciais das trêsβ'' fases precipitadas é o seguinte: a variante A3 é 3Δx ; a variante B2 é 1,7Δx ; a variante C1 é 1,6Δx . A Tabela 4-3 resume os parâmetros utilizados nesta simulação de campo de fases.

4.3 Evolução da forma das partículas da fase precipitada

4.3.1 Evolução da forma deβ'' partículas precipitadas monoclínicas contendo alumínio

Como se mostra na Figura 4-5, são apresentados os resultados da simulação do campo de fases tendo em conta diferentes factores de energia (energia livre do corpo, anisotropia elástica e anisotropia da energia da interface). A FIG. 4-5a mostra a evolução deβ'' com o tempo sob a ação apenas da força motriz química. Os resultados da simulação mostram que as partículas precipitadas crescem de forma esférica sob a ação da força motriz química e da força motriz isotrópica da energia da interface. De acordo com a literatura [155], quando o sistema considera a deformação sem tensão causada pelo desajuste da expansão interfacial, podem ser obtidas morfologias de fase precipitada com rácio de aspeto inconsistente. A FIG. 4-5b mostra a evolução da morfologia das partículas precipitadasβ'' causada pela consideração da energia da interface isotrópica e do desfasamento da rede interfacial na simulação do campo de fases. Neste caso, as partículas precipitadas esféricas inicialmente introduzidas transformam-se gradualmente em partículas de fase precipitadas elipsoidais, devido à ausência de tensão e deformação interfaciais. A relação comprimento-diâmetro da forma λ também muda do original λ = 1 para λ = 1.64, e o longo eixo das partículas precipitadas elipsoidais se estende ao longo das direções <100>, <010> e <001>, o que é consistente com os resultados relatados [155] que a incompatibilidade pode causar o crescimento alongado de partículas. No terceiro grupo de simulações, tanto a energia anisotrópica da interface quanto a energia elástica anisotrópica causada pela incompatibilidade da rede são consideradas na modelagem do campo de fase. Neste conjunto de simulações, a evolução da forma das partículas precipitadasβ'' na matriz de Al é apresentada na Figura 4-5c. A partir deste conjunto de figuras de evolução, pode observar-se que as partículas da fase precipitada evoluíram da forma esférica inicial para a forma acicular, e a direção de alongamento dasβ'' partículas precipitadas é consistente com a direção de crescimento mostrada na Figura 4-5b. No entanto, a relação comprimento-diâmetro das partículas da fase precipitada é diferente no mesmo passo de tempo evolutivo. Após 100 minutos de simulação do campo de fases no terceiro grupo, o rácio comprimento-diâmetro λ das partículas precipitadas muda de 1 para 4,30, o que é obviamente mais elevado do que o resultado do rácio comprimento-diâmetro obtido pelo segundo grupo. A partir dos resultados da simulação destes três conjuntos de campos de fase, pode ser demonstrado que a morfologia final das partículas de fase precipitadas é causada principalmente pela incompatibilidade de expansão na interface incorporada na matriz e pela anisotropia da sua própria energia de interface, ambas as quais promovem o crescimento deβ'' partículas precipitadas ao longo do eixo da agulha. A comparação mostra que a anisotropia da energia interfacial desempenha um papel dominante na evolução da morfologia das partículas precipitadas. Tais partículas de fase precipitada β'' em forma de agulha são frequentemente observadas na caraterização experimental da precipitação da liga Al-Mg-Si durante o envelhecimento [156].

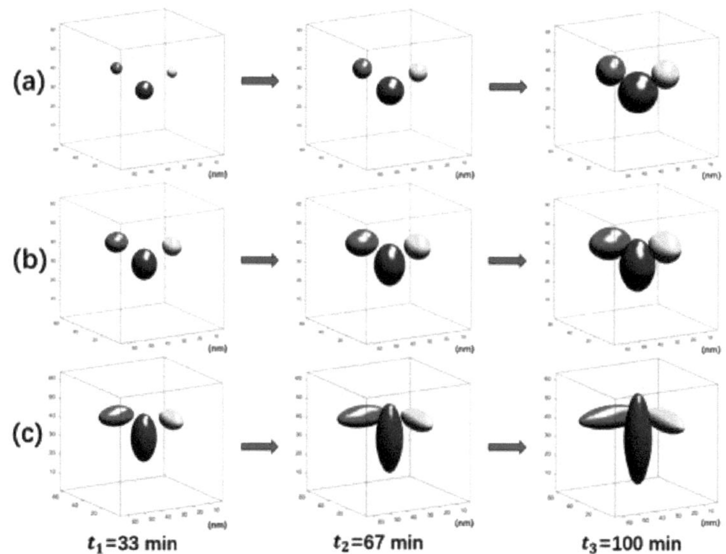

Figura 4-5 Evolução da forma das partículasβ'' obtidas a partir da modelação do campo de fases, incluindo as seguintes contribuições para a energia livre: (a) energia interfacial isotrópica sem energia elástica; (b) energia interfacial isotrópica com energia elástica; e (c) energia interfacial anisotrópica com energia elástica.

4.3.2 Alteração da concentração da composição química na fase precipitada monoclínica que contém alumínioβ''

Como mencionado acima, os últimos resultados da caraterização experimental mostram que os átomos de Al substituem parte das posições da matriz de pontos da rede dos átomos de Si na rede da fase precipitadaβ'' monoclínica, resultando numa certa solubilidade do Al nas partículas da fase precipitada. Neste estudo, ao reavaliar os dados termodinâmicos da fase metaestável, o modelo de sub-rede da fase precipitada contendo Al β'' foi definido como (Mg)5(Al, Si)6. Através do acoplamento com o funcional de energia livre do sistema no modelo de campo de fases, foram simulados os resultados da morfologia de equilíbrio, como se mostra na Figura 4-6. Como se pode ver na Figura 4-6a, durante a fase inicial de precipitação por envelhecimento, a concentração da composição química das partículas de β'' é consistente com a da fase de origem (98,59% Al, 0,94% Mg e 0,47% Si). Neste momento, a relação de treliça é mantida entre a fase precipitada e a fase de origem, e pode ser visto a partir da curva de evolução da concentração de soluto com o tempo que a concentração de átomos de Mg e Si na fase precipitada começa a aumentar na fase inicial de envelhecimento, o que é consistente com o processo de enriquecimento de átomos de Mg e Si para formar aglomerados e, finalmente, a formação de fases metaestáveis na fase inicial de envelhecimento.

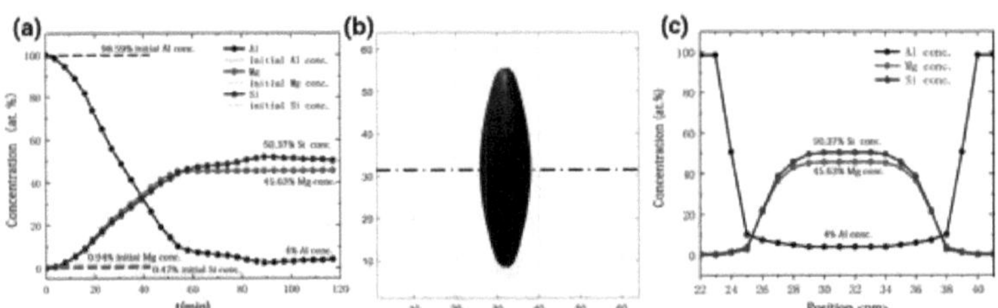

Figura 4-6 a) Concentrações de componentes químicos em precipitados monoclínicos contendo Alβ'' em função do tempo de envelhecimento, **c)** Perfis de concentração de Al, Mg e Si ao longo de [100] são mostrados através do precipitado (linha pontilhada na fig.6b), **b)** Forma de equilíbrio do precipitadoβ'' em .$t = 117\ min$

Na fase final da precipitação por envelhecimento, a percentagem de átomos de Mg atingiu gradualmente a concentração de equilíbrio de átomos de Mg na fase precipitada Mg5Si6 5/11. Uma vez que a posição na rede dos átomos de Si é parcialmente substituída por átomos de Al, pode ver-se em 4-6a que a percentagem de concentração de átomos de Si na fase precipitada (50,37%) é ligeiramente inferior à dos átomos no composto linear Mg5Si6 (54,54%). A concentração final do componente de equilíbrio indica que a solubilidade dos átomos de Al na fase precipitada é de cerca de 4%.

4.4 Efeito da anisotropia do módulo de elasticidade da fase precipitada □″ na morfologia das partículas

A fim de revelar mais pormenorizadamente os efeitos da anisotropia da energia interfacial e do desajuste elástico da rede na evolução da forma das partículas da fase precipitada monoclinalβ'' durante o envelhecimento das ligas Al-Mg-Si, estas duas contribuições energéticas são discutidas separadamente neste capítulo.

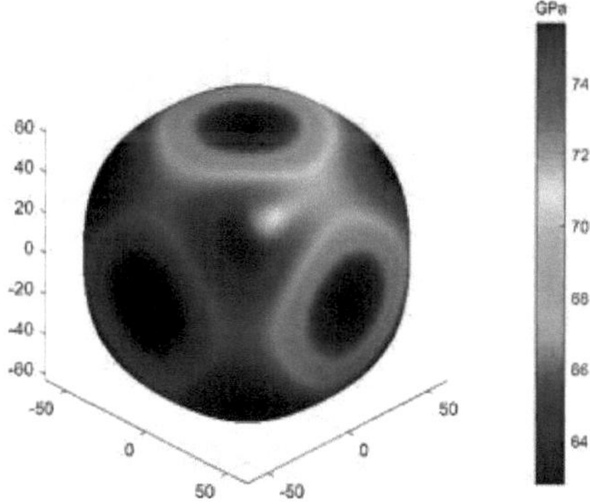

Figura 4-7 Distribuição tridimensional do módulo de Young do alumínio puro FCC

Em primeiro lugar, o estudo considera o efeito da energia elástica anisotrópica devido ao desajuste da rede na evolução da morfologia das partículas da fase precipitada. De acordo com a teoria microscópica da elasticidade, a deformação elástica na faixa elástica segue a lei de Hooke, ou seja, a relação entre tensão e deformação é linear, o que pode ser explicado pela equação física $\sigma = C \cdot \varepsilon$, onde σ representa a tensão, ε representa a deformação e C representa a matriz de rigidez elástica. Em geral, a anisotropia do módulo de Young pode ser calculada pela matriz de rigidez, e a anisotropia do módulo pode ser mostrada pelo diagrama tridimensional. A relação entre o módulo de Young e a constante elástica é apresentada no Apêndice B. A Figura 4.7 mostra a distribuição tridimensional do módulo de Young do alumínio puro FCC. Pode ver-se na Figura 4.7 que a direção do sistema cristalino cúbico de face centrada [111] é mais difícil de comprimir do que a direção [100], e as direcções [111] e [100] são designadas por direcções elásticas "duras" e "moles", respetivamente.

De acordo com a definição do tensor elástico para as diferentes variantes da fase precipitada nas ligas Al-Mg-Si (A representando a variante A3, B representando a variante B2 e C representando a variante C1), o método de cálculo do módulo de Young em diferentes direcções é semelhante ao utilizado na referência [157]. A Figura 4-8 mostra a distribuição do módulo de Young da fase precipitada no espaço tridimensional e a projeção num plano bidimensional. Pode ver-se que os valores do módulo de Young são diferentes ao longo dos eixos principais x, y e z. O módulo de Young das três variantes (A3D, B3D, C3D) mostra uma forte anisotropia nas direcções <100>, <010> e <001>, o que faz com que estasβ'' partículas embebidas na matriz de alumínio cresçam mais facilmente ao longo da direção de amolecimento elástico. Isto está em boa concordância com os resultados da simulação do campo de fase mostrados na Figura 4-9.

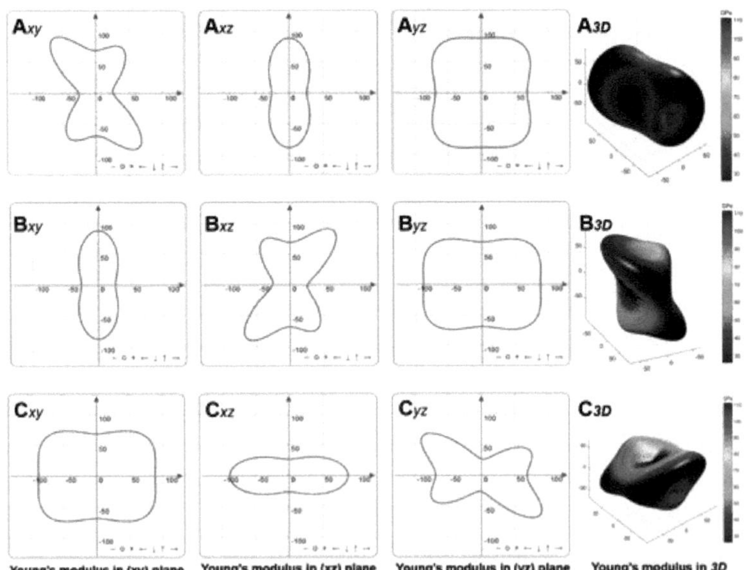

Figura 4-8 Representação espacial tridimensional das superfícies do módulo de Young para diferentes variantes de precipitação (A representa a variante A3, B representa a variante B2, C representa a variante C1.) da faseβ''

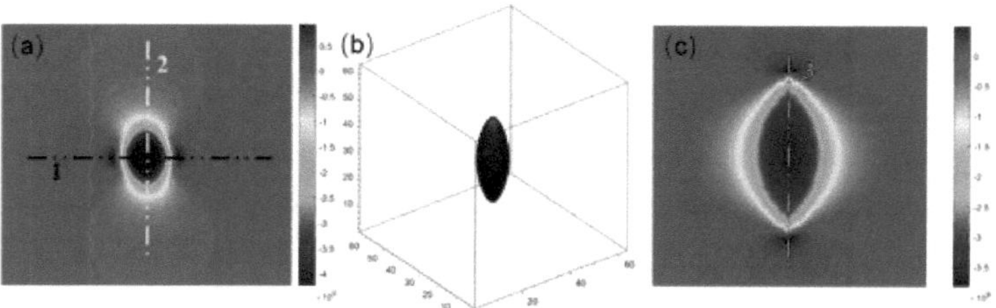

Figura 4-9 (a) Distribuição de tensões, σ_{xx} , das partículasβ'' no plano **xy** e **(c)** no plano **xz**. **(b)** Forma de equilíbrio do precipitadoβ'' em t=100min.

A Figura 4-9 mostra a forma da fase precipitada e a distribuição da tensão elástica dentro e fora das partículas precipitadas em t=100min. Nesta fase, as partículas da fase precipitada mostram uma forma anisotrópica consistente com a direção <001>.

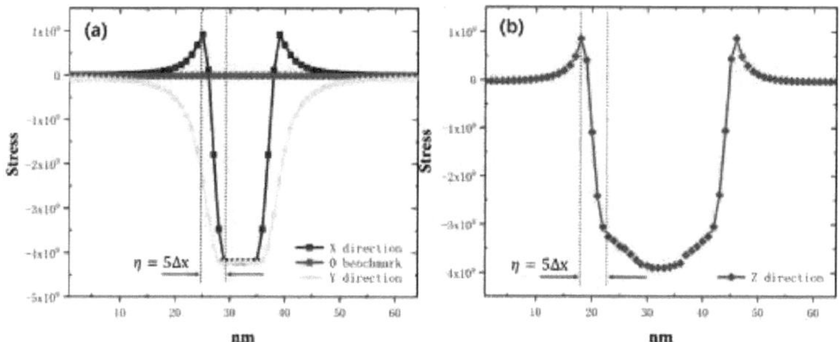

Figura 4-10 Perfil unidimensional de tensões,σ_{xx} , ao longo do centro do precipitado, em que a região ocupada entre as linhas a tracejado representa a interface difusa precipitado/matriz. Distribuições de tensões,σ_{xx} , ao longo **a)** da direção x (linha 1 na Fig.4-9a), da direção y (linha 2 na Fig.4-9a) e **b)** da direção z (linha 3 na Fig.4-9c) através do centro do precipitado. A linha vermelha representa o valor de referência sem tensão.

A Figura 4-10 mostra a alteração da distribuição de tensões quando a tensão positivaσ_{xx} atravessa as partículas da fase precipitada. A partir da Figura 4-10a, o valor da tensão elásticaσ_{xx} no interior do precipitadoβ'' é negativo, indicando que o precipitadoβ'' neste momento é espremido pela matriz de Al. A relação funcional da tensão de equilíbrioσ_{xx} passando pela linha central das partí culas da fase precipitada ao longo das direcções x, y e z é mostrada na Figura 4-10. O diagrama unidimensional de distribuição de tensões mostra queσ_{xx} a tensão normal sofre um aumento lento ao passar pelo limite da fase precipitada, com o valor da tensão a aumentar de 0 para perto de 1×10^9 Pa. Isto indica que existe uma tensão de tração muito significativa nas duas regiões da ponta da fase precipitada. No entanto, quandoσ_{xx} passa através dos limites internos e externos das inclusões, o valor da tensão cai drasticamente, indicando que existe uma tensão compressiva óbvia no interior das inclusões da fase precipitada, e esta forma de distribuição de tensões resulta no desenvolvimento da morfologia das partículas das inclusões em forma de agulha.

4.5 Efeito da anisotropia da energia interfacial da fase precipitada □″ na morfologia das partículas

Neste capítulo, é utilizado um modelo de campo multifásico modificado para simular a evolução da morfologia das partí culas da fase precipitadaβ'' em três dimensões, considerando apenas a anisotropia da energia da interface. O tamanho do espaço inicial da simulação do campo da fase nesta secção é o mesmo que o da região simulada anterior, que continua a ser uma região de grelha tridimensional de$(64\Delta x)^3$, em que Ax é o passo espacial. A fim de simular a influência da anisotropia da energia de fronteira do grão no crescimento do grão utilizando o modelo de campo de fase, esta simulação de campo de fase define um núcleo com raio de 2Δx no centro da caixa de simulação da estrutura tridimensional.

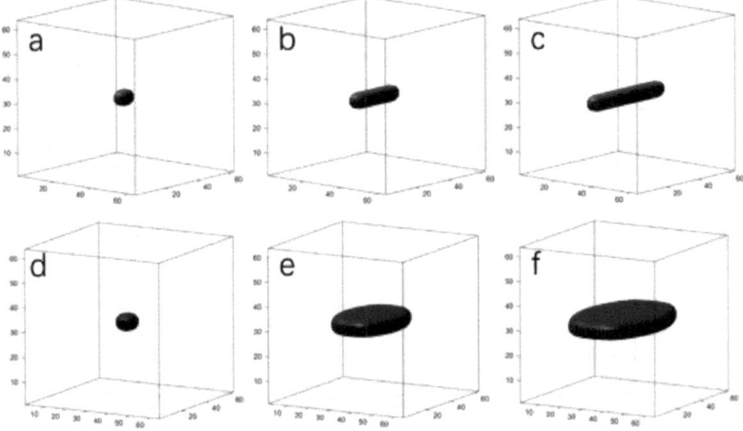

Figura 4-11 Considerando apenas a energia da interface de anisotropia para simular a evolução da morfologia das fases precipitadas utilizando o modelo de campo multifásico modificado

Nesta simulação de campo multifásico, são utilizados dois grupos de parâmetros de energia de interface anisotrópica normalmente encontrados em ligas de alumínio de endurecimento por envelhecimento (parâmetros de energia de interface de ligas de alumínio das séries 2XXX e 6XXX). A Figura 4-11 mostra, respetivamente, a evolução da morfologia das partículas da fase de precipitação após o acoplamento funcional da energia do campo de fase destes dois conjuntos de parâmetros de anisotropia da energia da interface. O primeiro conjunto de parâmetros é o parâmetro de anisotropia da interface entre a fase precipitada$\beta''(Mg_5Si_6)$ e a matriz de alumínio na liga de alumínio 6XXX obtido da literatura, que foi listado na Tabela 4-3. Outro conjunto de parâmetros de anisotropia de energia de interface foi obtido da literatura [158], que são os parâmetros de anisotropia de energia de interface entre a fase precipitada$\theta'(Al_2Cu)$ e a matriz de alumínio na liga de alumínio da série 2XXX endurecida por envelhecimento: , $\sigma_1 = \sigma_2 = 0.3J/m^2$ $\sigma_3 = 0.1J/m^2$. Quando o funcional de energia do campo de fase considera apenas a energia da interface, a única força motriz para a mudança de forma das partículas da fase precipitada é a diminuição da energia da interface do sistema. O primeiro conjunto de simulações$\sigma_1 \approx \sigma_2 < \sigma_3$ obteve partículas de fase precipitadas em forma de agulha, como se pode ver em Figura 4.11a-c.

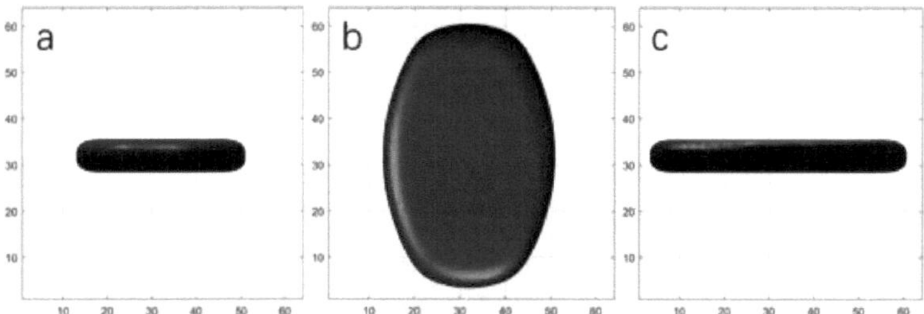

Figura 4-12. Instantâneos de fases tridimensionaisθ' com diferentes ângulos

A FIG. 4.11d-f mostra a evolução da forma das partículas da fase precipitada com o segundo grupo de parâmetros de energia da interface da liga de alumínio da série 2XXX na simulação do campo de fases. No caso de$\sigma_1 \approx \sigma_2 > \sigma_3$, observa-se o crescimento de fase precipitada tipo placa, e partículas de fase precipitada com esta forma são frequentemente observadas na liga de alumínio 2XXX de endurecimento por envelhecimento. A simulação do campo de fases destes dois casos mostra que a anisotropia da energia da interface é muito significativa e tem uma grande influência na morfologia de equilíbrio da fase precipitada.

Os resultados da evolução do campo multifásico da morfologia da fase precipitada da liga de alumínio mostrados nas FIG. 4-11d-f e FIG. 4.12 são semelhantes aos obtidos por Vaithyanathan et Al. [158] para a fase precipitada na liga Al-Cu.

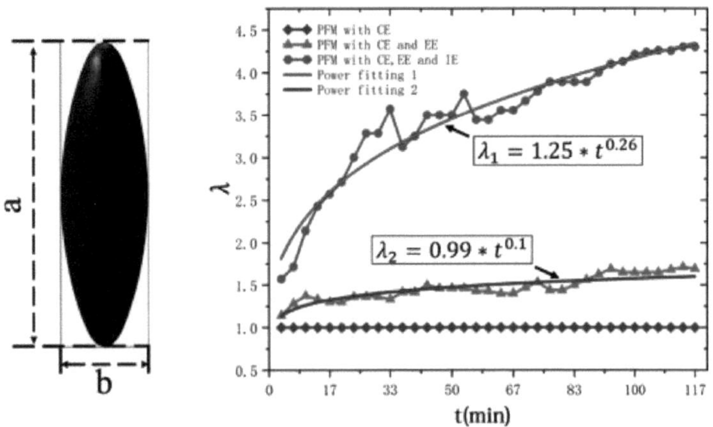

Figura 4-13 Evolução do rácio de aspeto da partículaβ'' em função do tempo. (CE representa a energia química , EE representa a energia elástica e IE representa a energia interfacial, respetivamente)

Além disso, com o objetivo de comparar os efeitos da energia de deformação elástica e da energia de interface anisotrópica na evolução da forma das partículas da fase precipitadaβ'' durante o processo de precipitação por envelhecimento da liga de alumínio. A Figura 4-13 mostra a relação quantitativa entre a razão comprimento-diâmetro das partículas β'' precipitadas $\lambda = a/b$ (onde a é o comprimento do precipitado, b é a largura do precipitado) e o tempo de evolução do envelhecimento. Como se pode ver na Figura 4-13, na ausência de distorção elástica interfacial e de energia anisotrópica interfacial, a fase precipitadaβ'' cresce sob a forma de partículas esféricas de$\lambda = 1$. Sob a influência da elasticidade anisotrópica e da anisotropia da energia interfacial, a fase precipitadaβ'' mostra a lei de crescimento de partículas não esféricas, e a relação entre a razão entre o comprimento e o diâmetro das partículas da fase precipitada entreλ e o tempo$t$ pode ser resumida como uma forma de função de potência:$\lambda = kt^n$. A partir dos resultados da simulação do campo de fase existente, pode verificar-se que, em comparação com o índice de potência da relação comprimento-diâmetro impulsionado pela energia interfacial anisotrópica (n = 0,26), a influência da energia de distorção elástica no crescimento da relação comprimento-diâmetro da fase precipitadaβ'' é menor, e o seu índice de potência é n = 0,1. Os resultados da simulação do campo de fases acima mostram que a anisotropia da energia interfacial desempenha um papel dominante na formação e evolução dos precipitados envelhecidos da liga de alumínio Al-0,94Mg-0,47Si na simulação quantitativa do campo de fases.

4.6 Evolução da microestrutura da fase precipitadaβ'' em Al-Mg-Si

A simulação do campo de fases revela que a morfologia da fase precipitadaβ'' depende da interação entre a energia de deformação elástica e a energia interfacial. Nas ligas Al-Mg-Si, tanto a energia interfacial como a energia de deformação elástica são altamente anisotrópicas.

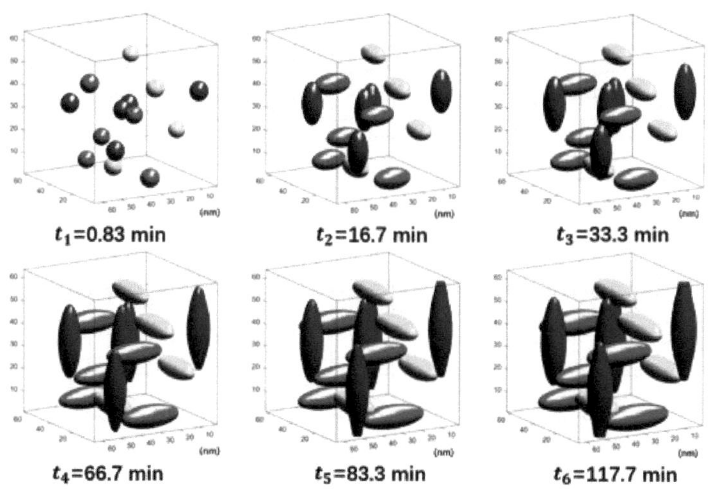

Figura 4-14. Evolução microestrutural da liga Al-Mg-Si em função do tempo

Com o objetivo de compreender melhor o processo de precipitação em ligas de alumínio, esta simulação da evolução da microestrutura de múltiplas partículas precipitadas foi realizada utilizando um modelo de campo multifásico melhorado. No estado inicial simulado,β'' os núcleos esféricos estão distribuídos aleatoriamente na matriz de Al, e o raio das partículas da fase precipitada varia entre 1Δx e 2,5Δx. A FIG. 4-14 mostra a evolução estrutural da fase precipitada na liga Al-0,94Mg-0,47Si. Pode ser visto a partir da simulação do campo de fase que todas asβ'' variantes sofrem uma mudança de forma de esférica para acicular. Além disso, durante a precipitação de envelhecimento da liga Al-Mg-Si, a direção de alongamento da fase precipitada da agulhaβ'' é ao longo da direção de [100], [010] e [001] da matriz de alumínio.

4.7 Verificação experimental

As partículas de Al (99,9% de pureza), as partículas de Mg (99,9% de pureza) e a liga intermédia Al-Si (99,9% de pureza) são fundidas num forno de indução e moldadas em lingotes de liga Al-MG-Si. A composição da liga foi determinada pelo espetrómetro fotoelétrico de leitura direta (Thermo ARL4460) como Al-0,666mg-0,41Si-0,11Fe (wt.%). Após 12 horas de homogeneização a 500ºC, o lingote é laminado a quente e a frio, e o lingote é laminado numa placa fina de 1 mm de espessura. A placa é tratada com calor de solução sólida por 30 minutos a 550 °C e temperada com água. Em seguida, é imediatamente envelhecido artificialmente a 180 ° C por 3 horas, evitando assim efetivamente o envelhecimento natural [159]. As amostras TEM são preparadas usando folhas de liga tratadas termicamente. Primeiro, a folha de material de liga é polida mecanicamente até uma espessura de 50-80μm, e depois perfurada num disco de 3mm de diâmetro com um punção de amostra de microscópio eletrónico de transmissão. A amostra de transmissão foi preparada utilizando o instrumento de pulverização dupla electrolítica TenuPol-5 da Struers a uma temperatura de polimento de -30°C e uma tensão de 16V, em que o eletrólito utilizado foi uma mistura de 70% de metanol e 30% de ácido nítrico. As imagens de campo claro e as imagens de alta resolução obtidas na experiência foram feitas pelo microscópio eletrónico FEI Tecnai G2 F20 S-Twin sob 200kV. Todas as imagens foram obtidas ao longo do eixo da faixa [010] da matriz de Al para caraterizar a secção transversal e a vista lateral da fase precipitada que se assemelha a uma agulha.

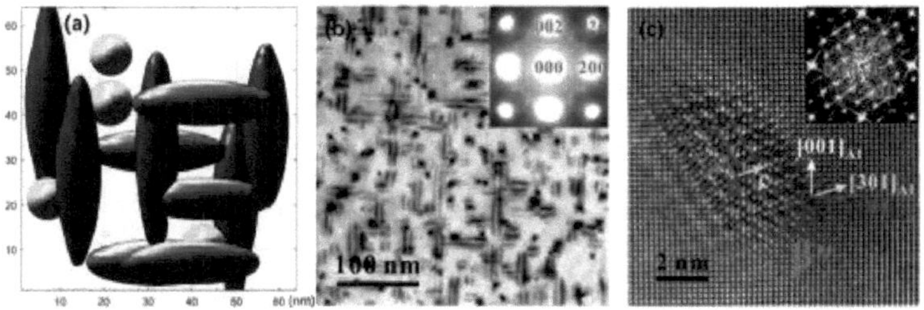

Figura 4-15 (a) Microestrutura de simulação de campo de fase para 2h. (b) Imagem de campo brilhante e padrão de difração de área selecionada (SAD) da amostra Al-Mg-Si envelhecida a 180 °C por 3h. (c) Imagem HRTEM do precipitadoβ'' em (b) e seu padrão FFT correspondente. Todas as imagens foram tiradas ao longo do eixo da zona [010]Al.

A FIG. 4-15 mostra os resultados da simulação do campo de fases da fase precipitada na amostra experimental e os resultados observados por microscopia eletrónica de varrimento de alta resolução. A fase precipitada em forma de agulhaβ'' foi observada por ambas as caracterizações. A fim de efetuar uma comparação quantitativa entre os resultados da simulação do campo de fase e a microestrutura observada na experiência, foi utilizado neste estudo o método aproximado para calcular o tamanho e o comprimento das partículas da fase precipitada na imagem de campo brilhante. Verificou-se que o eixo longo da fase precipitada acicular estava concentrado na gama de 871nm, e o raio médio do eixo era de 4,6nm. Existe uma certa relação de função de potência$\lambda = kt^n$ entre a relação comprimento-diâmetro das partículas precipitadasλ e o tempo de evolução obtido pelo método de campo de fase, onde ,$k = 1.25$ $n = 0.26$, e a relação comprimento-diâmetro após 3 horas de tempo artificial é 4.Quando o efeito de interface no modelo de campo de fase é excluído (a largura da interface é de cerca de 5 nm) e apenas o volume da fase precipitada é considerado, a fração de volume da fase precipitada na região simulada é de 5,3% quando t = 117 min. A concordância entre a observação experimental e os resultados da simulação mostra que o modelo de campo multifásico melhorado pode descrever quantitativamente o processo de evolução dinâmica da fase precipitada complexaβ'' na liga Al-Mg-Si, acoplando a dinâmica térmica real e os cálculos de dinâmica molecular primária. A Figura 4-15b mostra a imagem de campo brilhante da amostra Al-MG-Si, e o canto superior direito é o mapa de difração constitutiva (SAD), marcando o plano cristalino principal da matriz de Al de acordo com os pontos brilhantes no padrão SAD. A Figura 4-15c é o diagrama HRTEM+ FFT da fase precipitada, que mostra a relação de orientação entre a fase precipitada e a matriz de Al, em que a relação de orientação indicada pela seta amarela é .$(001)_{\beta''}||(301)_{Al}$

4.8 Resumo do presente capítulo

Neste capítulo, o processo de formação da fase precipitadaβ'' acicular contendo Al em ligas Al-Mg-Si é simulado por um modelo de campo multifásico melhorado. A simulação do campo de fases não só acoplou dados termodinâmicos CALPHAD, como também considerou a relação de orientação entre todas as variantes da fase precipitadaβ'' e a matriz de alumínio, a energia de deformação elástica anisotrópica na interface de duas fases e a influência da energia da interface na morfologia da fase precipitada. As seguintes conclusões foram obtidas através da simulação do campo de fases:

1. Foi desenvolvido um novo modelo de campo multifásico para simular o processo de precipitação de envelhecimento deβ'' na liga de alumínio 6XXX sob a ação conjunta da energia de distorção elástica e da energia de interface anisotrópica. Foi calculada a distribuição tridimensional do modelo de Young para diferentesβ'' variantes. Através da simulação de um único fator de energia, mostra-se que a energia elástica leva a partículaβ'' a crescer na direção "suave" do módulo de Young, enquanto a energia interfacial conduz à forma final de agulha do .β''

2. Utilizando o novo modelo termodinâmico, o processo de evolução do elemento Al na fase precipitada é analisado, e a solubilidade do Al na fase precipitada é de cerca de 4%, enquanto a proporção do átomo de Mg na fase precipitada é ainda 45,6% do modelo original (Mg5Si6).

3. A simulação revela que, durante o processo de envelhecimento, as partículas precipitadasβ'' produzirão tensões de compressão, enquanto a matriz de alumínio perto da ponta das partículas da agulhaβ'' suportará grandes tensões de tração, e o fenómeno de concentração de tensões é muito óbvio.

4. Os processos de formação da placaθ' (Al2Cu) no sistema Al-Cu e do tipo agulhaβ'' nas ligas de alumínio Al-Mg-Si foram simulados através da extração de diferentes parâmetros de energia da interface entre a fase precipitada e a matriz nas ligas de alumínio 2XXX e 6XXX e da sua associação a modelos de campos de fase.

5. A morfologia da fase precipitada obtida por simulação de campo de fase é muito consistente com os resultados da observação experimental. β'' precipitado acicular fase comprimento para relação de diâmetroλ e tempo de envelhecimento$t$

entre o crescimento da regularidade expoente de potência $\lambda = kt^n$, incluindo $k = 1.25$, $.n = 0.26$

Capítulo 5 Simulação de campo de fase contínua do efeito de partículas de fase precipitada no crescimento do grão

5.1 Introdução

De acordo com a teoria da resistência policristalina de Hall-Petch, dentro de uma determinada gama, quanto menor for o tamanho do grão, maior será a resistência do material. Por conseguinte, o controlo do tamanho do grão é um objetivo importante na conceção de materiais [160,161]. As partículas de segunda fase bem dispersas podem inibir o movimento dos limites do grão através do efeito de "pinning", que pode controlar o tamanho do grão do policristalino. A introdução de partículas de fase precipitada com diferentes morfologias, tamanhos e fracções de volume no processo de envelhecimento para melhorar as propriedades mecânicas das ligas tornou-se um método eficaz para a conceção de ligas de alumínio de elevada resistência, como a introdução da faseθ' (Al2Cu) no processo de envelhecimento das ligas de alumínio da série 2XXX. A faseβ'' (Mg5Si6) introduzida no processo de envelhecimento da liga de alumínio da série 6XXX e a faseη' (MgZn2) introduzida no processo de envelhecimento da liga de alumínio da série 7XXX podem melhorar significativamente a resistência da liga de alumínio. Além disso, a solução sólida supersaturada da liga de alumínio dissolve-se frequentemente para formar elementos de liga no período de envelhecimento tardio, por exemplo, o excesso de Si da liga de alumínio 6XXX no período de envelhecimento tardio precipitará sob a forma de partículas elementares no limite do grão. O excesso de partículas de soluto e de fase precipitada na liga de alumínio endurecida pelo envelhecimento pode prevenir eficazmente o movimento de deslocação durante a deformação plástica da liga, e pode também atrasar ou mesmo impedir a migração de limites de grão policristalinos para atingir o objetivo de refinar o grão e reforçar a liga. Por conseguinte, é necessário estudar o papel das partículas precipitadas no movimento dos limites do grão e no crescimento do grão, o que é útil para analisar a dimensão final do grão das ligas e obter uma previsão quantitativa das propriedades da liga.

Neste capítulo, o modelo de campo de fase contínua será utilizado para simular o processo de crescimento normal do grão e o processo das partículas de segunda fase que "fixam" os limites do grão para inibir o crescimento do grão. Através da simulação do campo de fase das partículas de segunda fase que "fixam" as fronteiras de grão com diferentes fracções de volume, tamanho e orientação espacial, será estudada a influência de diferentes tipos de partículas de segunda fase na migração das fronteiras de grão.

5.2 Teoria dos campos de interface de difusão

5.2.1 Descrição da interface de difusão de materiais policristalinos

Os métodos tradicionais de cálculo de materiais, como os autómatos celulares [162], Monte Carlo [163], etc., descrevem geralmente a interface do material como uma interface numérica sem espessura. Estes modelos consideram que a estrutura e a composição sofrem alterações súbitas na fronteira do grão e que as caraterísticas acentuadas da interface numérica tornam necessário seguir a posição da interface em tempo real durante o processo de simulação. Isto implica uma grande quantidade de cálculos adicionais para resolver as equações numéricas [164]. Para problemas de transições de fase com estruturas interfaciais complexas, tais como o crescimento de cristais ramificados durante a solidificação [165], é difícil adotar o modelo clássico de interface nítida. Além disso, cada vez mais estudos têm demonstrado que a interface do material tem uma certa espessura e que as alterações da microestrutura também ocorrerão na interface, por exemplo, uma série de alterações estruturais e de composição ocorrerá no limite do grão na fase inicial da precipitação por envelhecimento.

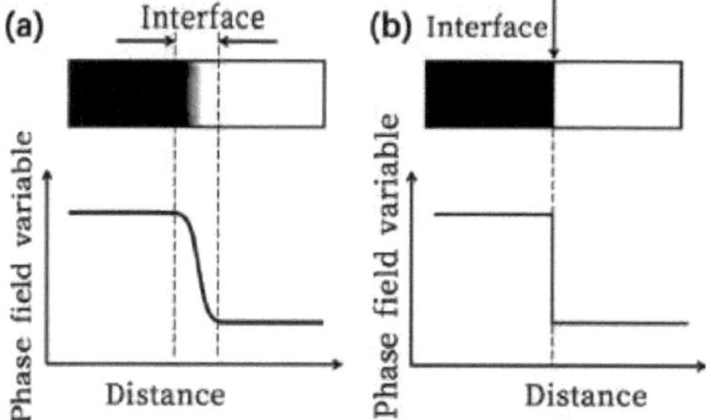

Figura 5-1 Esquema das variáveis do campo de fase de diferentes tipos de interfaces [60] : **(a)** interface de difusão; **(b)** interfaces nítidas

No modelo de campo de fases, são introduzidos diferentes tipos (conservativos e não conservativos) e variáveis de campo físico contínuo para representar as fases e interfaces com diferentes graus de ordem no interior do material, e o processo de evolução da microestrutura interna do material é refletido através do campo físico que muda continuamente no tempo e no espaço. Além disso, a energia total da região de simulação (incluindo a fase e a interface) é expressa por uma equação dinâmica unificada no modelo de campo de fase, sem tratamento especial do problema da interface, e a evolução numérica da equação dinâmica pode refletir a alteração da estrutura global , o que pode ultrapassar as limitações do próprio modelo de interface nítida e evitar problemas irrazoáveis quando se lida com diferentes fases ou com a difusão da interface separadamente. A Figura 5-1 mostra a alteração do valor das variáveis do campo de fase em diferentes modelos quando passam pela interface. Como mostra a Figura 5-1, no modelo de campo de interface de difusão, o valor da variável de campo de fase sofre uma mudança contínua na interface, e a interface tem uma certa espessura. No modelo de interface afiada, como mostrado na Figura 5-1b, as variáveis de campo têm uma mutação numérica na interface, e a interface não tem espessura neste momento, e a composição e a estrutura das fases do corpo em ambos os lados da interface de espessura zero mudarão.

5.2.2 Modelo de campo de fase do crescimento de grãos

O crescimento do grão refere-se ao processo em que o grão médio cresce gradualmente durante o recozimento sem tensão. Após o processo de recozimento e recristalização, a tensão interna causada pelo processamento do material é basicamente eliminada, e a maioria dos grãos neste momento apresenta um estado equiaxial. Se a temperatura de aquecimento continuar a aumentar ou o tempo de recozimento do tratamento térmico for prolongado, os grãos crescerão ainda mais. Os materiais policristalinos são um conjunto de grãos com diferentes orientações, e a interface entre os grãos tem uma certa largura. A fim de realizar a descrição dos grãos com diferentes orientações no interior do material policristalino, o modelo de campo de interface de difusão adopta uma série de variáveis de campo de orientaçãoη_i como parâmetro de ordem [166] do modelo de campo de fase:

$$\eta_1(r,t),\eta_2(r,t),\eta_3(r,t),\cdots,\eta_i(r,t)\cdots,\eta_p(r,t) \tag{5-1}$$

Entre eles,$i = 1,\cdots,p$ 。 $\eta_i(r,t)$ é um parâmetro de ordem de campo de fase não conservador, ep é o número de orientações possíveis num material policristalino. Neste estudo, os parâmetros de ordem do campo de orientação são definidos da seguinte forma: (1) Cada ponto da rede de cálculo no sistema policristalino é representado por uma série de componentes do parâmetro de ordemη_i , mas apenas um componente caraterístico único$\eta_i = 1$ representa o grão, e seu valor não muda com o tempo; □ Para o grão rotulado comoη_i , o componente de parâmetro de ordem interno $\eta_i = 1$, outros componentes ($\eta_j = 0 j = 1, \cdots\cdots p, j \neq i$); □ Entre grãos adjacentes uns aos outros ($\eta_i(r,t)$, $\eta_j(r,t)$), os parâmetros de ordem mudam continuamente nos limites do grão ($0 < \langle \eta_i(r,t), \eta_j(r,t) \rangle < 1$) (como mostrado na Figura 5-2) [167].

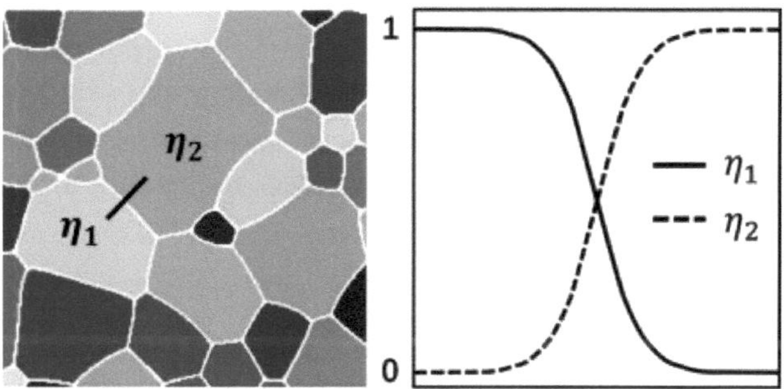

Figura 5-2 Grão com diferentes orientações e as variáveis do campo de fase variam no limite do grão

Para representar mais intuitivamente a microestrutura dos materiais descritos pelos parâmetros de ordem do campo de fases, a microestrutura pode ser expressa definindo as seguintes funções de visualização [166]:

$$\Gamma(r,t) = \sum_{i=1}^{P} [\eta_i(r,t)]^2 \tag{5-2}$$

A função de visualização$\Gamma(r,t)$ é 1 no interior do grão e muda continuamente entre 0-1 nos limites dos grãos adjacentes. Uma vez que cada grão é representado por um componente caraterístico$\eta_i(r,t)$ e os outros componentes são 0, podem ser obtidas diferentes regiões numericamente ligadas através do cálculo da soma dos quadrados dos parâmetros de ordem de orientação de cada ponto da grelha na região de simulação e, em seguida, podem ser obtidos grãos com diferentes orientações através da rotulagem dos domínios ligados. Os parâmetros de ordem de diferentes orientações são expressos por diferentes ordens de cor no grão, e a microestrutura multi-grão com diferentes orientações pode ser obtida.

Para sistemas policristalinos que apenas consideram o crescimento de grão, o funcional de energia livre total [168]F_{total} do sistema pode ser construído a partir dos parâmetros de sequência caraterísticos η_i e do gradiente de parâmetros de sequência :$\nabla\eta_i$

$$F_{total} = \int f(\eta_1, \eta_2, \cdots, \eta_i, \cdots \eta_p, \nabla\eta_1, \nabla\eta_2, \cdots, \nabla\eta_i, \cdots, \nabla\eta_p)\, dV \tag{5-3}$$

$$= \int \left[f_0(\eta_1, \eta_2, \cdots, \eta_i, \cdots \eta_p) + \frac{k}{2} \sum_{i=1}^{p} (\nabla\eta_i)^2 \right] dV$$

Na fórmula (5-3), f_0 é a função de densidade de energia livre local; k é o coeficiente de energia de gradiente de interface, no sistema isotrópico de interface, k é uma constante, e está relacionado com os parâmetros de energia de interface isotrópica; No sistema anisotrópico interfacial, k é uma função do ângulo de diferença de orientação dos grãos adjacentes [169]. A energia livre local f_0 na Equação 5-3 pode ser expressa da seguinte forma [166]:

$$f_0 = \sum_{i=1}^{p} \left(\frac{b}{4}\eta_i^4 - \frac{a}{2}\eta_i^2 \right) + \frac{\gamma}{2} \sum_{i=1}^{p} \sum_{j>i}^{p} \eta_i^2 \eta_j^2 \tag{5-4}$$

Na Fórmula 5-4, ,a b eγ são os coeficientes dos termos de acoplamento de energia livre, e ambos são números positivos. A fim de minimizar a energia para obter um poço de potencial de igual profundidade, eles são tomados$a = b = 1$ na simulação deste capítulo. Para assegurar a estabilidade da estrutura de grão referida pelo parâmetro de ordem do campo de faseη_i quando a energia da microestrutura policristalina diminui, a função de energia livref_0 tem de cumprir os requisitos básicos: o valor da energia def_0 na posição seguinte (dentro do grão) é de igual profundidade [170] :

$$(\pm 1, \cdots, 0, \cdots, 0), \cdots, (0, \cdots, \pm 1, \cdots, 0), \cdots, (0, \cdots, 0, \cdots, \pm 1) \tag{5-5}$$

Esta forma de poço de potencial de igual profundidade pode não só garantir que cada grão é igual na categoria termodinâmica (energia mínima de igual profundidade), mas também distinguir grãos com diferentes orientações. Na Equação 5-4, γ é o coeficiente de acoplamento entre os parâmetros de ordem de campoη de diferentes orientações dos grãos, ou seja, a interação entre os grãos, que é equivalente à formação de uma barreira de energia entre dois grãos, cuja existência protege a transição de fase espontânea entre dois grãos. Vale a pena notar que o coeficiente do termo de acoplamentoγ precisa de satisfazer certas condições para fazer uma série de poços potenciais de igual profundidade estabelecidos na Fórmula 5-4. A Figura 5-3 apresenta uma discussão dos parâmetros de acoplamentoγ no modelo de campo de fase. Para a simulação do campo de fase do crescimento de grãos policristalinos, quando P = 2 e （$\gamma = 0\gamma < a = 1$ ）, quatro pontos com valores mínimos de energia A1, A2, A3 e A4 podem ser encontrados na superfície de energia livre representada na Figura 5-3a, e a combinação de parâmetros de sequência com quatro valores mínimos também pode ser vista na linha de contorno de energia geral, que são （η_1 ，η_2 ）= （1,1），（1，-1），（-1,1），（-1，-1）respetivamente, embora exista um poço de potencial de igual profundidade neste caso, o estado mais estável não se encontra no interior do grão (ou seja, existe e apenas um parâmetro de sequência caraterístico pode ser levado ao valor máximo （0,1），（0，-1），（-1,0），（1，0）. Neste caso, a simulação do campo de fases da evolução policristalina levará ao colapso da estrutura do sistema de grãos policristalinos. Quando P=2 e$\gamma = 1.0$, pode-se observar na FIG. 5-3b que os valores mínimos da energia livre local estão todos na posição do círculo mais baixo, o que significa que existem inúmeras combinações de valores mínimos, o que obviamente não atende aos requisitos de parâmetros de ordem para simulação de estabilidade policristalina. Quando P=2 e$\gamma = 2.0$ （$\gamma > a$ ）, a energia mínima pode ser obtida em （η_1 ，η_2 ）= (0,1), (1,0), (0,-1), (-1, 0). Neste caso, os grãos referidos por todos os campos de orientação caraterísticosη_i são estáveis, satisfazendo os requisitos básicos da construção do funcional de energia livre local.

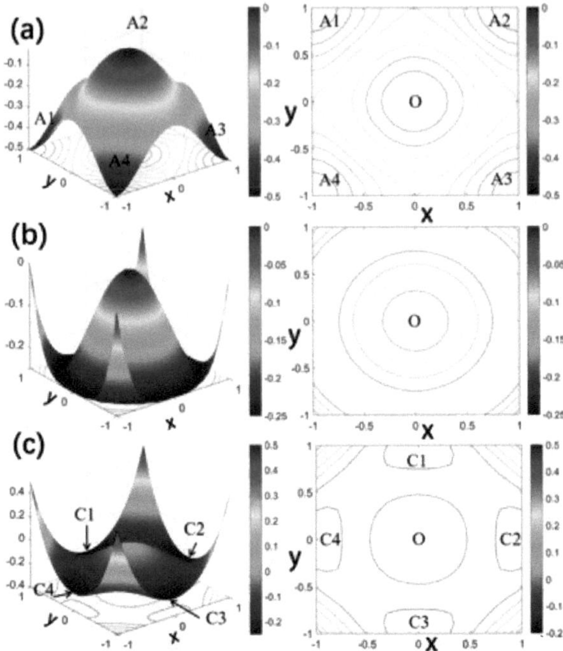

Figura 5-3 Superfície de energia livre e sua linha de contorno formada por diferentes valores deγ quando o número de campos de orientação P=2. **(a)** $\gamma = 0$ **;** **(b)** $\gamma = 1.0$ **;** **(c)** $\gamma = 2.0$

A força motriz da migração das fronteiras de grão e da difusão dentro do material é atribuída à diminuição da energia livre total dentro do sistema policristalino. O processo de alteração dos parâmetros de ordem não conservadores no tempo e no espaço do modelo de campo de fase tem de satisfazer a equação de relaxação de Ginzburg-Landau:

$$\frac{\partial \eta_i(r,t)}{\partial t} = -L\frac{\delta F_{total}}{\delta \eta_i(r,t)}, i = 1 \cdots \cdots p \tag{5-6}$$

Na fórmula,L é o parâmetro dinâmico da interface (relacionado com a mobilidade da fronteira do grão). Substituindo a equação (5-3) na equação (5-6), a equação de evolução dinâmica do crescimento do grão pode ser derivada [166]:

$$\frac{\partial \eta_i(r,t)}{\partial t} = -L\left(\frac{\delta f_0}{\delta \eta_i(r,t)} - k\nabla^2\eta_i\right), i = 1, \cdots \cdots p \tag{5-7}$$

Isso é:

$$\frac{\partial \eta_i(r,t)}{\partial t} = -L\left(\left(-\eta_i + \eta_i^3 + 2\gamma\eta_i \sum_{j \neq i}^{p} \eta_j^2\right) - k\nabla^2\eta_i\right), i = 1, \cdots \cdots p \quad (5\text{-}8)$$

A equação (5-8) é a equação de evolução dinâmica das variáveis do campo de fase. A essência da simulação da evolução da estrutura de grão policristalino usando o modelo de campo de fase da interface de difusão é resolver numericamente o sistema de equações diferenciais parciais

5.2.3 Otimização do número de parâmetros de ordem do modelo

O número de orientações de grão no interior do material policristalino real é relativamente grande e não pode ser contado com exatidão. Tendo em conta a limitação do poder computacional atual, na simulação real do campo de fase, só é possível uma atribuição finita do número$p$ das variáveis do campo de orientação dos grãosη_i numa determinada gama, e é necessário garantir que os resultados da simulação do campo de fase com um número limitado de orientação dos grãos reflectem verdadeiramente as caraterísticas da transformação topológica dos materiais policristalinos. Portanto, é necessário discutir o efeito do número de parâmetros de ordem do campo de fase ($N_p = p$, p é o número de orientações possíveis em materiais policristalinos) no processo de crescimento do grão.

Com base no modelo de campo de fase contínua de crescimento de grãos, foram selecionados cinco grupos de diferentes quantidades de parâmetros de sequência ($n_p = 6{,}16{,}26{,}36{,}46$) para simular o crescimento de vários grãos numa escala bidimensional nesta simulação de campo de fase. A dimensão da região da estrutura inicial da simulação do campo de fases foi de $512\Delta x \times 512\Delta x$, sendo a grelha de unidades planas =$1\Delta x\mu m$. Foram adoptadas condições de fronteira periódicas para a região durante a simulação. Reflecte a estrutura de grão policristalina da região infinita. Os resultados da evolução policristalina são os seguintes: Quando o número de parâmetros de ordem p é relativamente pequeno, por exemplo, $N_p = 6$, o engrossamento dos grãos policristalinos é completado pela fusão de grãos com a mesma orientação. A fusão entre grãos reduz o número de grãos e aumenta a área média. Devido ao facto de existirem mais grãos no sistema, mas menos orientação de grãos, é difícil que os limites de grãos da região simulada atinjam um estado plano (o chamado estado de equilíbrio policristalino). Não foi possível formar uma estrutura policristalina estável, e o grau de engrossamento dos grãos individuais no sistema policristalino era óbvio, e ocorreu um crescimento mais anormal dos grãos (Figura 5-4a). Com o aumento do número de parâmetros de ordem, o grau de engrossamento do grão diminui significativamente, e o número de grãos também aumenta significativamente (como mostrado na Figura 5-4b-c). Para o caso de parâmetros de ordem relativamente grandes, como $n_p = 36$ ou $n_p = 46$, o processo de engrossamento dos grãos é dominado pelos grãos grandes que engolem os grãos pequenos adjacentes, neste caso, o crescimento anormal dos grãos é relativamente pequeno, e os grãos estão basicamente no estado de cristais equiaxiais.

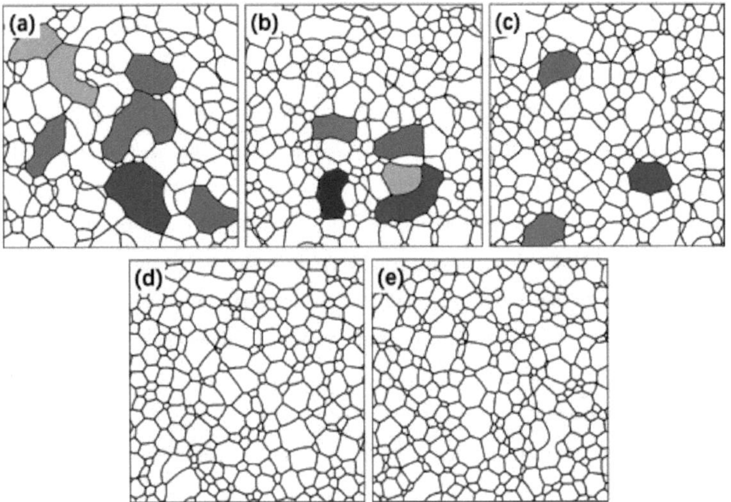

Figura 5-4 Simulação de campo de fase do crescimento de grãos com diferentes parâmetros de ordem de campo de orientação numérica (P). (a) $N_p = 6$; (b) $N_p = 16$; (c) $N_p = 26$; (d) $N_p = 36$; (e) $N_p = 46$, o passo de tempo t=5000

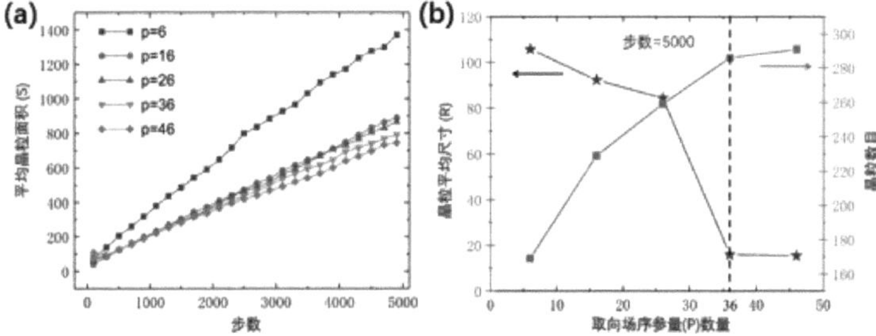

Figura 5-5 (a) A relação entre a área média do grão e o tempo de evolução na simulação do campo de fase com diferentes parâmetros de ordem do campo de orientação P; (b) A influência do número de parâmetros de ordem do campo de orientação no tamanho médio do grão e no número de grãos

A Figura. 5-5a mostra a relação entre a área média do grão policristalino e o tempo de evolução sob diferentes parâmetros de ordem do número de orientação. Os resultados da simulação policristalina com diferentes parâmetros de ordem mostram que a área média do grão na região apresenta uma relação de crescimento linear$R^2 \sim t$ com o tempo de evolução, o que é consistente com a teoria da estabilidade do crescimento de Lifshitz-Slyozov[171] discutida em 5.3.1. É de notar que, para a simulação policristalina com o número de parâmetros de orientação de $n_p =$ 16,26,36 ,46, a FIG. 5-5a mostra que a curva de alteração da área média dos grãos com o tempo de evolução quase coincide, e a área média dos grãos simulada com o número de parâmetros de orientação$n_p = 6$ é significativamente maior do que a de outros parâmetros de ordem, o que também indica que os grãos com o mesmo campo de orientação têm maior probabilidade de se fundirem. A Figura 5-5b mostra a relação entre o número de orientações do parâmetro de ordem e o tamanho médio dos grãos e o número de grãos obtidos a partir de simulações de campo de fase com este parâmetro para os mesmos passos de tempo. Para o mesmo número de passos de tempo (5000 passos), o número de parâmetros de ordem está negativamente correlacionado com o tamanho médio dos grãos e positivamente correlacionado com o número de grãos quando o número de parâmetros de ordem é 6-46. Quando o número de orientações dos parâmetros de ordem está entre 36 e 46, o número de orientações dos parâmetros de ordem P tem pouco efeito no tamanho médio dos grãos e no número de grãos de equilíbrio. Por conseguinte, utilizando o modelo de campo de fases para simular o crescimento policristalino, pode ser selecionado um número adequado de parâmetros de ordem entre $n_p = 36$ e $n_p = 46$ para simular, de modo a que a seleção do número de parâmetros de ordem possa assegurar a racionalidade da simulação e melhorar a eficiência computacional. Ao testar o poder computacional existente, todas as simulações do campo de fase policristalino nesta secção utilizam .$n_p = 36$

5.3 Processo normal de crescimento do grão

O crescimento de grão refere-se ao fenómeno de aumento do tamanho médio do grão de materiais policristalinos à custa da contração de grãos mais pequenos no estado sem tensão e sem deformação, sendo este processo comum em materiais policristalinos como os metais e as cerâmicas [172,173]. A regra de crescimento de grão é um dos tópicos de investigação mais importantes na ciência dos materiais, que determina a microestrutura final e as propriedades mecânicas dos materiais policristalinos. Como todos sabemos, o crescimento do grão é um fenómeno multifísico bastante complexo, a microestrutura do material está intimamente relacionada com as suas propriedades e o tamanho do grão e a sua uniformidade são um indicador importante da microestrutura do material, que tem um grande impacto na plasticidade, força, tenacidade e resistência à corrosão do material. A estrutura interfacial e a energia interfacial determinam a morfologia da microestrutura dos materiais policristalinos, e a morfologia de equilíbrio da microestrutura deve satisfazer o critério termodinâmico da energia interfacial mais baixa. O limite do grão é uma região de alta energia, e a área do limite do grão do sistema será reduzida ao mínimo do ponto de vista termodinâmico.

5.3.1 Modelo topológico de crescimento de grãos

Os materiais policristalinos reduzem a energia do sistema através da redução da área do contorno de grão. Devido à existência da curvatura do contorno de grão, a força resultante da tensão superficial do contorno de grão σ_{gb} força o contorno de grão a mover-se em direção ao seu centro de curvatura, como se mostra na Figura 5-6.

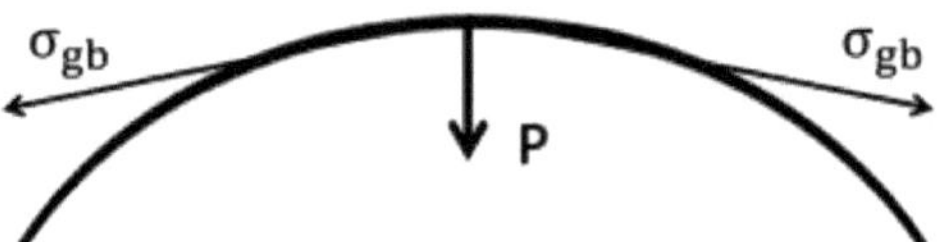

Figura 5.6 σ_{gb} é a tensão superficial aplicada no contorno de grão. Devido à existência de

curvatura no contorno de grão, é gerada uma pressão motriz P, que força o contorno de grão a mover-se em direção ao seu centro de curvatura [170]

Normalmente, os grãos pequenos com limites de grão convexos encolhem ou desaparecem, enquanto os grãos grandes com limites de grão côncavos crescem. Isto resulta numa diminuição da área dos limites do grão e num aumento do tamanho médio do grão. Assumindo que o raio de curvatura é proporcional ao raio médio R do grão, a pressão motriz local$P$ do crescimento do grão pode ser expressa como [173,174]:

$$P = \frac{\alpha\sigma_{gb}}{R} \tag{5-9}$$

Burke e Turnbull[175] deduziram a relação entre a evolução do grão e a curvatura da fronteira do grão através do modelo clássico de crescimento do grão. De acordo com o critério de declínio de energia do sistema, o contorno de grão mover-se-á espontaneamente em direção ao seu centro de curvatura, e a taxa de movimento$v$ satisfaz a seguinte relação:

$$v = \mu_{ij} \cdot P = \mu_{ij} \cdot \sigma_{ij} \cdot \left(\frac{1}{r_1} + \frac{1}{r_2}\right) \tag{5-10}$$

Em que μ_{ij} eσ_{ij} representam, respetivamente, a mobilidade da interface e a energia de fronteira do grão,P representa a força motriz da migração da interface,r_1 and r_2 são as duas curvaturas principais das superfícies de fronteira do grão. A taxa de crescimento (dA/dt) de um único grão no modelo pode ser descrita pela lei de von-Neumann-Mullins [176]:

$$\frac{dA}{dt} = -\mu_{ij}\sigma_{ij}\frac{\pi}{3}(6 - f) \tag{5-11}$$

Na fórmula, A é a área do grão,f é o número de arestas dos grãos, e também pode ser considerado como o número de grãos adjacentes de cada grão. A tendência de evolução da contração e crescimento do grão pode ser determinada pelo número de arestas. Se o número de arestas do grão for superior a 6, o grão crescerá. Se o número de arestas for inferior a 6, o grão encolherá, que é o chamado crescimento de grão bidimensional de Mullins$(6 - f)$ law. Hillert derivou com sucesso a fórmula do tamanho crítico do grão para o crescimento e contração do grão a partir das equações (5-10) e (5-11) :

$$\frac{dR}{dt} = K\left(\frac{1}{R_{Cr}} - \frac{1}{R}\right) \tag{5-12}$$

Entre eles, o $, K = \alpha\sigma_{ij}\mu_{ij}\alpha$ é constante, R_{Cr} é o tamanho de grão crítico, R_{Cr} associado ao tamanho de grão médio$R$ dinâmico, que se altera ao longo do tempo evolutivo. A equação (5-12) mostra que, quando o raio do grão R é superior aR_{Cr} , a taxa de variação do tamanho do grão é superior a zero e o grão cresce gradualmente, enquanto noutros casos o grão encolhe ou desaparece.

A condição de estabilidade de crescimento de Lifshitz-Slyozov é também um índice importante para analisar a evolução dos grãos. Hillert[177] utilizou com sucesso este modelo para descrever o processo de engrossamento dos grãos. Hillert deduziu a relação entre o tamanho médio do grão e o tempo de evoluçãot , e obteve que o tamanho médio do grão <R(t)>(2) no processo de engrossamento do grão é uma função linear do tempo de evolução :t

$$\langle R(t)\rangle^2 - \langle R(0)\rangle^2 = kt \tag{5-13}$$

Onde$\langle R(0)\rangle$ é o raio do grão do estado inicial ,k é uma constante da temperatura do sistema.

5.3.2 Transformação topológica dos limites de grão

O processo de crescimento do grão mostra a evolução topológica do número de arestas do grão. No plano bidimensional, os grãos hexagonais são o estado de grão mais estável porque os hexágonos regulares podem ocupar a maior área com o menor número de limites. Para o estado estável de outros grãos de número de arestas, as seguintes condições devem ser satisfeitas: (1) O ângulo entre dois limites de grão adjacentes é de 120 graus; □ Os limites de grão são mantidos rectos. A Figura 5-7 mostra a topologia de vários grãos com comprimentos laterais iguais.

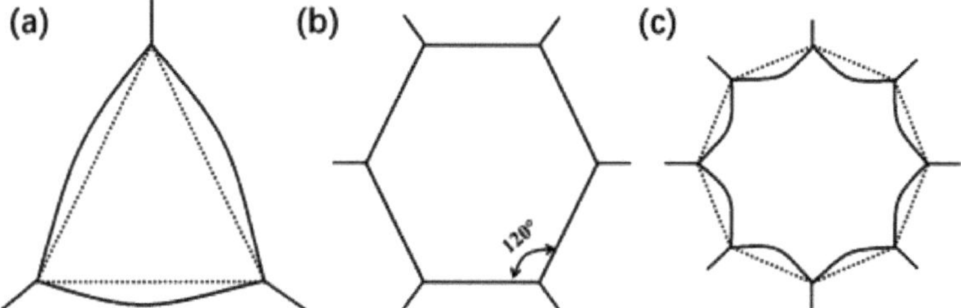

Figura 5-7 Relação entre a curvatura da fronteira de grão e o número de arestas de grão f no processo de crescimento de grão bidimensional. **(a)** Grão trigonal regular ($f = 3$);**(b)** Grão hexagonal regular ($f = 6$);**(c)** Grão octogonal regular ( )$f = 8$

Pode ser visto a partir da topologia dos limites de grãos bidimensionais mostrados em Figura 5-7 que quando o número de bordas de grãos é menor que 6（$f < 6$ ）, a evolução dos limites de grãos parece se projetar para fora. Quando o número de limites de grãos é igual a 6（$f = 6$ ）, os grãos aparecem como limites de grãos retos. Quando a variação do grão é maior que 6（$f > 6$ ）, a evolução do limite do grão se manifesta como depressão interna. A estabilidade do grão precisa atender a duas condições necessárias. Sob a restrição das condições de estabilidade do limite do grão, o processo de crescimento do limite do grão mostra que o grão côncavo no limite (variável f maior que 6) continua crescendo, enquanto o grão convexo fora do limite (o número de arestas f é menor que 6) continua encolhendo. Isto é consistente com a descrição do crescimento bidimensional do grão na teoria de Mullins mencionada anteriormente, e satisfaz o princípio $(6 - f)$ da taxa de crescimento de um único grão e do número de arestas do grão.

Para verificar a racionalidade do modelo do campo de fases no crescimento e evolução do grão, este estudo interceptou parte do diagrama de evolução do grão a partir dos resultados da simulação do campo de fases, como se mostra na Figura 5-8. As Figuras 5-8(a,c) e 5-8(b,d) são o diagrama esquemático da transformação topológica do grão e os resultados correspondentes da simulação do campo de fases, respetivamente. A FIG. 5-8(a,b) mostra o processo de transformação topológica dos limites de grão antes e depois da evolução de cinco grãos (G1, G2, G3, G4, G5). Os grãos G5 são grãos quadriláteros, enquanto G1, G2, G3 e G4 são todos grãos com mais de seis arestas de grão. De acordo com a teoria de Mullins, a área do grão G5 diminuirá gradualmente até desaparecer durante o processo de evolução, o que também é verificado pelos resultados da simulação do campo de fases na FIG. 5-8 (b). Além disso, uma vez que o grão do G5 é quadrilateral e o ângulo de contorno do grão é de 90° quando o contorno do grão é reto, a conclusão de Mullins é que o ângulo de contorno do grão do G5 tende a expandir-se para um ângulo estável de 120°. A expansão forçada do ângulo do contorno de grão levará à convexidade externa do contorno de grão do G5, e os contornos de grão de convexidade externa aumentarão inevitavelmente a energia da interface do sistema, o que não é propício à estabilidade do contorno de grão. A diminuição da energia do contorno de grão irá reagir no contorno de grão para o manter num estado reto. Esta competição faz com que os grãos G5 encolham continuamente até desaparecerem. O desaparecimento dos grãos G5 provoca uma fronteira cristalina adicional entre os grãos originalmente não contactados G2 e G4, aumentando o número de arestas da fronteira cristalina e aumentando também a área do grão.

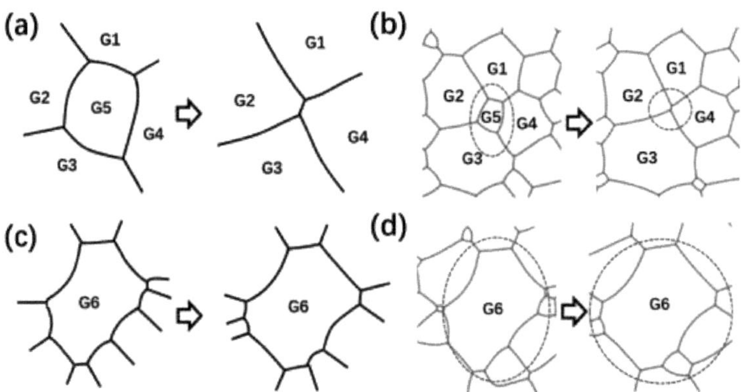

Figura 5-8 Transformações topológicas de vários limites de grão. **(a,c)** esquema da topologia do grão, **(b,d)** resultados da simulação do campo de fase

A FIG. 5-8(c,d) mostra a transformação topológica dos limites de grão antes e depois da evolução do grão G6. É óbvio que G6 é um grão poligonal, e o grão G6 cresce continuamente durante o processo de evolução. O mesmo princípio também pode ser usado para explicar o processo de crescimento da depressão do contorno de grão G6. Além disso, na simulação do crescimento do grão, o limite do grão com área de grão decrescente é convexo e o limite do grão com área de grão crescente é côncavo, o que é consistente com a descrição anterior da transformação topológica. É óbvio que o processo de crescimento do grão simulado pelo campo de fase está de acordo com o princípio $(6 - f)$ de Mullins do número de arestas do grão e a condição de estabilidade do limite do grão.

5.3.3 Simulação do processo de crescimento de grãos pelo método do campo de fases

O crescimento multi-grão de materiais metálicos durante o tratamento térmico é essencialmente um conjunto de evolução topológica de um grande número de crescimento de grão único no sistema, e a força motriz do crescimento de grãos policristalinos provém principalmente da diminuição da energia do limite de grão do sistema. A teoria de crescimento policristalino de Mullins afirma que os limites de grão curvos têm uma tendência de achatamento porque têm mais energia interfacial do que os limites de grão rectos. O movimento de achatamento da fronteira de grão mostra que a fronteira de grão continua a mover-se para o centro de curvatura, e o ângulo da fronteira de grão na intersecção de três fronteiras de grão tende gradualmente para 120°. Nesta simulação, é selecionada uma grelha quadrada de $512\Delta x \times 512\Delta x$, e o valor do estado inicial da variável do campo de orientaçãoη é um número aleatório entre -0,001 e 0,001, que é normalmente representado como uma fase líquida super-arrefecida.

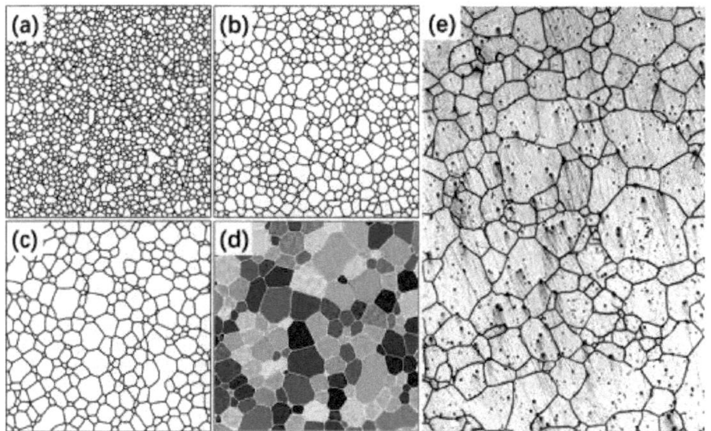

Figura 5-9 (a)-(d) Simulação do campo de fase de grãos policristalinos:**(a)** 500ts;**(b)** 2000 ts;**(c)** 5000 ts;(d) 10000 ts.**(e)** Fotografias metalográficas de materiais policristalinos de alumínio puro

A FIG. 5-9 mostra a comparação entre o processo de crescimento e evolução dos grãos policristalinos e a estrutura metalográfica dos materiais policristalinos de alumínio puro sob a condição de isotropia da energia da interface de simulação do campo de fase. Nas FIG. 5-9a-d, a diferença entre os grãos policristalinos reside na diferença dos parâmetros de ordem caraterísticosη de cada grão, e os componentes dos diferentes parâmetros de ordem dos grãos η no sistema são diferentes. As diferentes orientações dos grãos podem ser identificadas através da rotulagem dos componentes dos parâmetros de ordem caraterísticos. A Figura 5-9(d) mostra as estruturas policristalinas com diferentes orientações. A Figura 5-10 ilustra o número de grãos e a distribuição do tamanho do grão em diferentes passos de tempo durante o processo de crescimento do grão simulado utilizando o modelo de campo de fases. Uma comparação entre os resultados da simulação do campo de fases dos grãos policristalinos e as fotografias experimentais de ligas de alumínio mostra que a simulação do campo de fases pode refletir eficazmente o processo de evolução da organização microestrutural dos grãos policristalinos em materiais reais. Além disso, um método comum para a análise estatística dos grãos em sistemas policristalinos durante a caraterização experimental envolve a binarização dos valores de escala de cinzentos das imagens metalográficas para posterior análise de dados. Além disso, as experiências práticas introduzem inevitavelmente alguns defeitos artificiais na estrutura cristalina no processo de preparação de amostras de fase dourada, o que também afectará a precisão das estatísticas policristalinas, e a simulação numérica do campo de fase pode ultrapassar as dificuldades das experiências acima referidas.

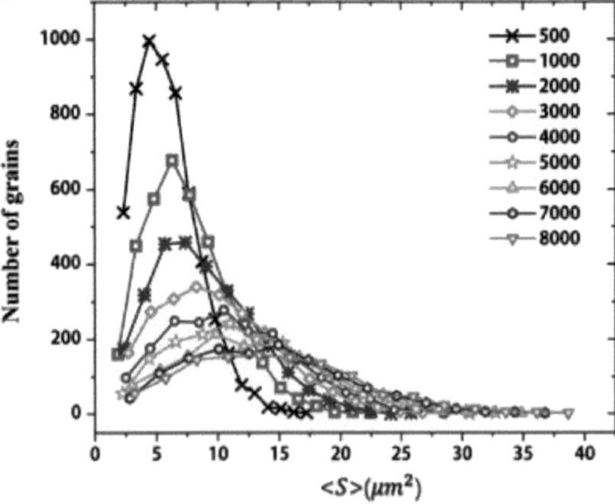

Figura 5-10 Distribuição do número de grãos em diferentes intervalos de tempo durante o

crescimento normal dos grãos

5.4 Influência das partículas da segunda fase no crescimento do grão

Em geral, de acordo com a teoria da resistência policristalina de Hall-Page, a forma mais eficaz de melhorar a tenacidade e a resistência dos materiais metálicos é refinar os grãos e reduzir o tamanho médio dos grãos [178]. No processo de evolução do contorno de grão dos materiais metálicos actuais, quando a migração do contorno de grão encontra partículas de fixação, o comportamento de migração do contorno de grão abranda ou pára. Zener [179] propôs pela primeira vez a descrição teórica da fixação do contorno de grão pelas partículas da segunda fase em 1948. Posteriormente, a utilização de partículas de segunda fase dispersas para afinar a estrutura policristalina tornou-se um método de reforço comum na indústria. As partículas de segunda fase têm a capacidade de fixar os limites do grão, o que pode impedir a difusão dos limites do grão e até parar o crescimento do grão limitando o movimento dos limites do grão, de modo a atingir o objetivo de refinamento do grão.

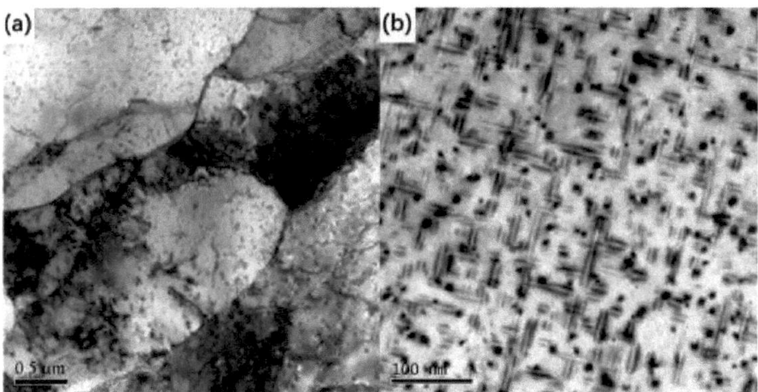

Figura 5-11 Fase de precipitação e evolução da estrutura do grão da liga de alumínio de alta resistência

A Figura. 5-11a mostra a caraterização experimental da imagem de campo claro TEM da microestrutura da liga 7XXX Al-Zn-Mg após tratamento de recozimento. Na figura, pode observar-se que um grande número de partículas finas de precipitação em forma de ferradura estão distribuídas nos limites do grão e no interior do grão. Em particular, a "parede de deslocação" é encontrada nos limites do grão. Pensa-se que isto é causado pela obstrução da deslocação provocada pelo limite do grão entre as partículas da fase precipitada e os grãos com orientação diferente na matriz de alumínio. A Figura 5-11b mostra a caraterização experimental da imagem de campo brilhante TEM da liga 6XXX Al-Mg-Si após o envelhecimento a 180 °C por 3h. Neste momento, o eixo longo da fase precipitada aciculada é paralelo ao eixo do cristal da matriz Al cúbica centrada na face {100}, e as partículas da fase precipitada são 90 ° entre si. As diferentes formas, fracções de volume e orientações das partículas da fase precipitada afectam o movimento de deslocação e o limite do grão. Nesta secção, o estudo de policristais simulados por modelos de campo de fases irá um passo mais além e considerará o processo de migração dos limites de grão, no qual são encontradas partículas de segunda fase e a dinâmica dos limites de grão do crescimento do grão é alterada [180]. As partículas de segunda fase com diferentes morfologias são frequentemente observadas nas ligas de alumínio. A maior parte delas são partículas estáveis dispersas na matriz, podendo também ser inclusões e compostos intermetálicos precipitados pelo envelhecimento. Uma vez que as partículas de segunda fase são normalmente mais pequenas do que o tamanho médio do grão, são capazes de interagir com limites de grão em movimento, deslocações ou vazios, pelo que a presença das partículas de segunda fase pode afetar muitas propriedades do material, tais como a estabilidade térmica e a resistência mecânica. Quando as partículas de segunda fase interagem com o contorno de grão, as partículas de fixação exercem uma força de reação sobre o contorno de grão ou a deslocação para abrandar ou parar o seu movimento, de modo a obter o efeito de refinar o grão e reforçar a liga. Para compreender o efeito de arrastamento e de fixação das partículas de segunda fase nos limites de grão em materiais policristalinos, o modelo de campo de fase de crescimento de grão será alargado ao modelo de campo de fase de crescimento de grão contendo partículas de segunda fase para estudar a influência de diferentes fracções de volume e diferentes tamanhos e formas de partículas de segunda fase no processo de crescimento de grão.

5.4.1 O arrastamento e a fixação do contorno de grão pelas partículas da segunda fase

Desde que C.S.Smith[181] publicou trabalhos relevantes em 1948, os efeitos de arrastamento e fixação das partículas de segunda fase nos limites dos grãos têm atraído grande atenção da comunidade científica. Entre eles, Zener acreditava que as partículas de segunda fase no contorno de grão têm uma força de ligação no contorno de movimento. Quando o limite do grão se intersecta com o grão, a área do limite do grão diminui, e a diminuição é igual à área de intersecção entre o grão e o limite do grão. As partículas de fixação exercerão uma força inversa no limite de grão em movimento [182-184], como se mostra na Figura 5-12.

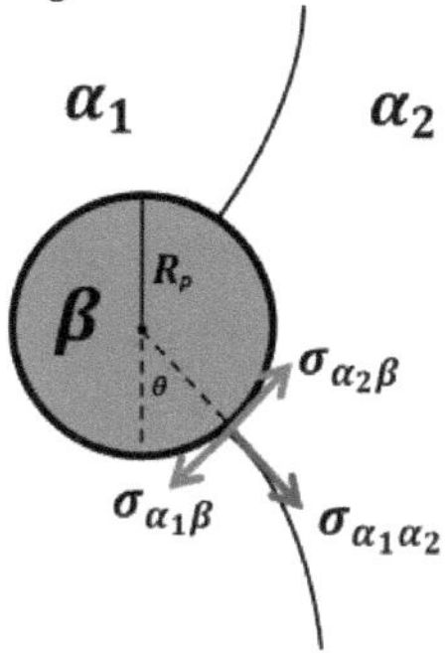

Figura 5-12 Esquemático da interação entre a partícula da segunda faseβ e a fronteira do grão. Onde$\sigma_{\alpha_1\beta}$ e$\sigma_{\alpha_2\beta}$ são a tensão de tração superficial entre as partículas esféricas de grãoα_1 eα_2 , e$\sigma_{\alpha_1\alpha_2}$ é a tensão de arrastamento da fronteira de grão nas partículas de segunda fase

Zener[179] foi o primeiro a descrever quantitativamente o efeito de fixação de partículas de segunda fase . A chamada força de ligação de ZenerP_z pode ser expressa da seguinte forma:

$$P_z = \frac{3f_v\sigma}{4R_p} \qquad (5\text{-}14)$$

A fórmula (5-14) revela a relação funcional entre a pressão média máxima exercidaP_z pelas partículas da segunda fase na fronteira do grão e o raioR_p das partículas da segunda fase e a energia da interfaceσ da fronteira do grão em movimento. Se esta pressão puder contrariar a força motriz do movimento do contorno de grão, o contorno de grão em movimento será fixado e o processo de crescimento do grão será interrompido. A tensão da interface nas partículas da segunda fase pode ser expressa como:

$$F_z = 2\pi R_p \sigma sin\theta cos\theta \qquad (5\text{-}15)$$

Como mostra a Figura 5-12, a interação com as partículas da segunda fase depende apenas da tensão interfacial da fronteira móvel ($\sigma_{\alpha_1\alpha_2} = \sigma$). De acordo com a fórmula (5-15), a força de arrasto é maior em .$\theta = 45^0$

$$F_z^{max} = \pi R_p \sigma \tag{5-16}$$

Para um sistema policristalino com um tamanho médio de grãoR_i e uma partícula de segunda fase com um raio médioR_p , o crescimento do grão estará num estado de equilíbrio devido à fixação da partícula. Quando a força motriz de crescimento do grão é igual à força de ligação da partícula, a força motriz$P_z = \sigma / \langle R_i \rangle$ de crescimento do grão pode ser obtida de acordo com a equação (5-14) :

$$\langle R \rangle_c = \frac{4R_p}{3f_v} \tag{5-17}$$

$\langle R \rangle_c$ é o tamanho crítico do grão em equilíbrio. As equações 5-17 são a teoria original de fixação Zener, que revela a relação entre o raio do grão policristalino e o tamanho das partículas da segunda fase e a fração de volume das partículas da segunda fase em condições ideais.

5.4.2 Modelo de campo de fases do crescimento de grãos acoplado à fixação da segunda fase

Quando a interface entre a matriz e as partículas da fase precipitada é uma relação não coerente, a capacidade de fixação das partículas da segunda fase na fronteira do grão depende da sua fração volumétrica, tamanho e morfologia, enquanto a estrutura e a composição dos precipitados da segunda fase têm pouco efeito na fixação das fronteiras do grão. Assumindo que o tamanho e a forma da segunda fase não evoluem com o tempo, a seguinte expressão pode ser introduzida na função de energia livre do modelo de campo de fase para estudar o efeito de fixação das partículas da segunda fase nos limites do grão:

$$\varepsilon_{sp} \lambda \left(\sum_{i=1}^{sp} \eta_i^2 \right) \tag{5-18}$$

Na fórmula (5-18),ε_{sp} é o coeficiente de caraterização da segunda fase;λ é uma função relacionada com a posição espacial, os parâmetrosλ podem ser definidos da seguinte forma: □ o interior da partícula de segunda fase,$\lambda = 1$; □ o exterior da partícula de segunda fase,$\lambda = 0$. Como o tamanho e a forma da segunda fase não mudam com o tempo, um parâmetro de ordem adicional do campo de orientação pode ser adicionado ao parâmetro de ordem do modelo de crescimento de grãos.

Para um sistema não homogéneo acoplado às partículas da segunda fase, o funcional da energia livre total F_{total} pode ainda ser expresso pelo conjunto de parâmetros de ordem do campo de orientação e pela coleção de gradientes de todos os grãos do sistema [170]:

$$F_{total} = \int \left[mf_{sp} + \frac{k}{2} \sum_{i=1}^{sp} (\nabla \eta_i)^2 \right] dV \tag{5-19}$$

Na equação (5-19), f_{sp} é a função de densidade de energia livre local da segunda fase acoplada. f_{sp} pode ser expresso da seguinte forma:

$$f_{sp} = \sum_{i=1}^{sp} \left(\frac{\eta_i^4}{4} - \frac{\eta_i^2}{2} \right) + \gamma \sum_{i=1}^{sp} \sum_{j>i}^{sp} \eta_i^2 \eta_j^2 + \varepsilon_{sp} \lambda \left(\sum_{i=1}^{sp} \eta_i^2 \right) \tag{5-20}$$

É óbvio que os requisitos básicos do crescimento normal do grão ainda são seguidos fora das partículas de segunda fase, enquanto que dentro das partículas de segunda fase, a energia livre local apenas atinge um valor limite em $\eta = 0$. Ou seja, a função de densidade de energia livre local f_{sp} que contém as partículas de segunda fase pode obter um mínimo nas seguintes localizações:

When $\lambda = 0$, $(\eta_1, \eta_2, \cdots, \eta_i, \cdots \eta_p, \eta_{sp}) =$
$(\pm 1, \cdots, 0,0), \cdots, (0, \cdots, \pm 1,0), (0, \cdots, 0,0)$

Quando $\lambda = 1$, $(\eta_1, \eta_2, \cdots, \eta_i, \cdots \eta_p, \eta_{sp}) = (0, \cdots, 0,1), \cdots, (0, \cdots, 0,1), (0, \cdots, 0,1)$

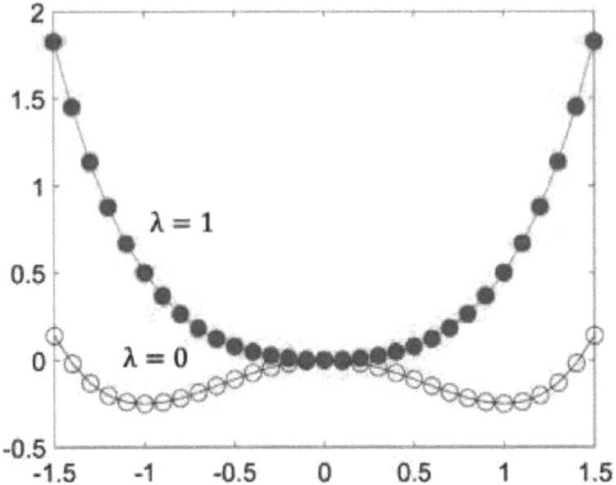

Figura 5-13 Compara as curvas de densidade de energia livre local com e sem a segunda fase da partícula ($\lambda = 0$ representa o exterior da segunda fase da partícula e$\lambda = 1$ representa o interior da segunda fase da partícula) [170]

Combinando a equação dinâmica de Ginzburg-Landau e a função de energia livre da segunda fase acoplada, as equações de evolução dinâmica, incluindo a fixação de partículas da segunda fase, podem ser derivadas:

$$\frac{\partial \eta_i(r,t)}{\partial t} = -L\left(\left(-\eta_i + \eta_i^3 + 2\gamma\eta_i \sum_{j\neq i}^{p} \eta_j^2 + 2\varepsilon_{sp}\lambda\eta_i\right) - k\nabla^2\eta_i\right) \tag{5-21}$$

5.4.3 Simulação do campo de fases de partículas de segunda fase que fixam fronteiras de grão

O estudo do efeito de fixação de diferentes tipos de partículas de segunda fase (fração volumétrica, tamanho, orientação espacial e forma) nos limites de grão policristalino tem um importante significado orientador para a compreensão da otimização da tecnologia dos materiais. Neste capítulo, é utilizado um modelo de campo de fases do crescimento de grãos policristalinos baseado em partículas de segunda fase acopladas para simular os efeitos da fração de volume, do tamanho e da morfologia das partículas de fixação de segunda fase no crescimento de grãos.

5.4.3.1 Influência da fração de volume das partículas da segunda fase no crescimento policristalino

A estrutura inicial do grão policristalino adoptada na simulação do campo de fases neste capítulo é mostrada na Figura 5-14a, onde cores diferentes representam grãos com orientações diferentes, e os grãos policristalinos estão basicamente num estado equiaxial neste momento. Como mostra a Figura 5-14b, as partículas da segunda fase com forma circular estão distribuídas aleatoriamente na estrutura inicial do sistema policristalino, incluindo as partículas de fixação da segunda fase distribuídas no interior dos grãos e as partículas de fixação da segunda fase distribuídas nos limites dos grãos (como mostra a Figura 5-14b). Todas as simulações de fixação de partículas nesta secção utilizam a mesma estrutura de grão policristalino inicial com um raio de grão médio de 7,12μm (como se mostra na Figura 5-14c).

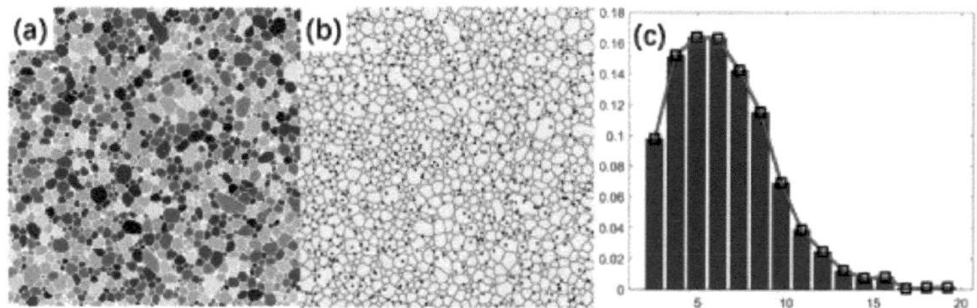

Figura 5-14 Microestrutura de grão inicial com partículas de segunda fase distribuídas aleatoriamente

Nesta simulação de campo de fase, cinco grupos de partículas de segunda fase com diferentes frações de volume ($f_a = 0.005$, $f_b = 0.015$, $f_c = 0.03$, $f_d = 0.06$, $f_e = 0.09$) foram distribuídos aleatoriamente na região de simulação policristalina da FIG. 5-14b como as amostras iniciais para o crescimento de grãos. Figura. 5-15(a,e,i) mostra o processo de evolução policristalina com a fração volumétrica$f_a = 0.005$ das partículas de segunda fase, e 5-15i mostra a estrutura policristalina após a remoção das partículas de segunda fase e evoluindo através da equação cinética, que é propícia às estatísticas de grãos. As partículas da segunda fase em 5-15a são distribuídas aleatoriamente no sistema de grão policristalino sem nenhuma posição específica de fixação (tanto dentro do grão como no limite do grão), e o limite do grão ainda é a relação topológica do grão inicial (estado cristalino equiaxial). Com o progresso da evolução policristalina, impulsionada pela curvatura da interface, os limites do grão começam a mover-se em direção ao centro da curvatura.

Devido ao efeito de obstrução e arrastamento das partículas da segunda fase nos limites do grão, pode observar-se, a partir da estrutura policristalina apresentada após 21000 passos de evolução do sistema policristalino (FIG. 5-15e), que a maioria das partículas da segunda fase se encontra distribuída nos limites do grão. Isto indica que o contorno de grão em movimento pára de se mover quando encontra as partículas de segunda fase. Com o aumento da fração volumétrica das partículas de segunda fase, o efeito inibitório sobre o crescimento do grão atinge gradualmente o máximo.

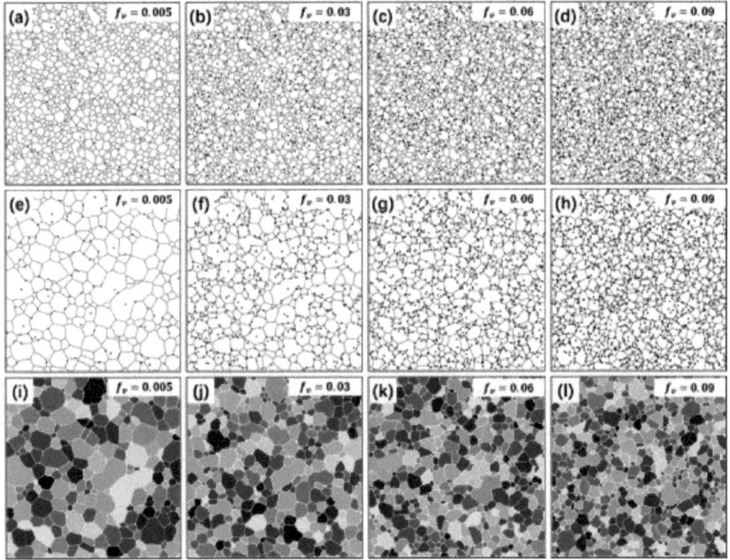

Figura 5-15 Efeitos das partículas de segunda fase com diferentes fracções de volume no crescimento do grão (t=5000).As partículas de segunda fase em quatro grupos com diferentes fracções de volume foram$f_a = 0.01$, $f_b = 0.02$, $f_c = 0.05$, $f_d = 0.1$, respetivamente

A Figura 5-16 mostra a relação da curva entre as partículas da segunda fase com diferentes fracções de volume e o número de grãos policristalinos e o tamanho médio dos grãos. Como pode ser visto na curva de variação do número de grãos mostrada na Figura 5-16a, com o aumento do tempo de evolução, os grãos grandes crescem engolindo os grãos menores adjacentes, fazendo com que o número de grãos na região simulada como um todo mostre uma tendência de declínio. Com o aumento da fração volumétrica das partículas da segunda fase, a tendência de fusão entre os grãos enfraquece. Mais fronteiras de grãos pararam de migrar devido à ação de fixação das partículas da segunda fase.

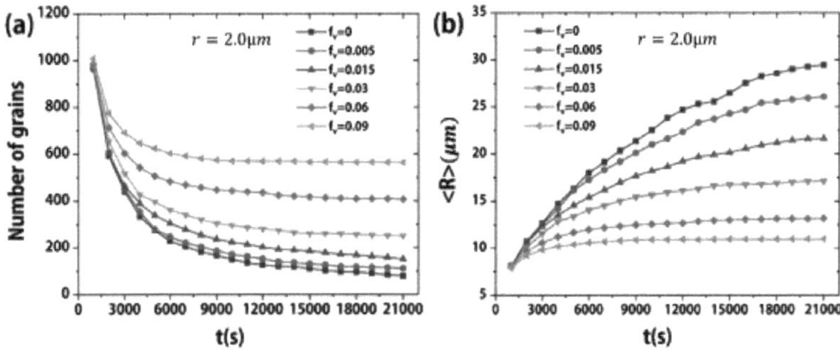

Figura 5-16 Efeito de diferentes fracções de volume de partículas de segunda fase no número e tamanho dos grãos policristalinos

A Figura 5-16b mostra a relação da função curva entre o número médio de grãos policristalinos e o raio do grão com o tempo de evolução. Quando a fração volumétrica das partículas de segunda fase no sistema policristalino é relativamente pequena ($f_v = 0.005$), o efeito de fixação dos limites dos grãos pelas partículas de segunda fase não é óbvio e o raio médio dos grãos do sistema policristalino é basicamente mantido ao mesmo nível que o crescimento normal dos grãos. Isto também pode ser verificado pela alteração do número de grãos na FIG. 5-16a a partir dos resultados da simulação do campo de fases. Quando a fração volumétrica das partículas da segunda fase é maior ou igual a 0,03, o efeito de fixação das partículas da segunda fase é muito óbvio, o que mostra que a tendência de aumento do tamanho do grão é enfraquecida, a tendência de diminuição do número de grãos é enfraquecida e o tamanho geral do grão é refinado.

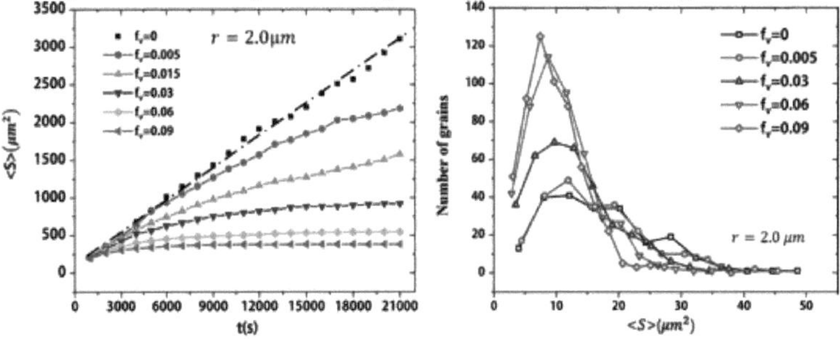

Figura 5-17 (a) Efeito de diferentes frações de volume de partículas de segunda fase no grão

médio área durante a evolução policristalina ; (b) Curvas de tamanho de grão e distribuição de frequência de grãos de segunda fase com diferentes frações de volume após a fixação

A Figura 5-17a mostra o efeito das partículas da segunda fase no tamanho médio do grão dos policristais. Durante o crescimento normal do grão, a área média do grão tem uma relação linear com o tempo de evolução, o que é consistente com a condição de estabilidade de crescimento de Lifshitz-Slyozov discutida anteriormente. Como se mostra na Figura 5-17, esta relação de estabilidade já não se aplica ao processo de crescimento policristalino das partículas da segunda fase, e a tendência de crescimento médio do grão é enfraquecida pelas partículas da segunda fase. A tendência de refinamento do grão também pode ser verificada pela distribuição do tamanho do grão, como mostra a Figura 5-17b, onde a área média do grão começa em~ $15\mu m^2$ no início e diminui para $9{\sim}\mu m^2$ à medida que a fração volumétrica das partículas da segunda fase aumenta.

5.4.3.2 Influência do tamanho das partículas da segunda fase no crescimento policristalino

A Figura 5-18 mostra a topografia da microestrutura da influência de diferentes tamanhos de partículas de segunda fase no crescimento de grãos policristalinos em um determinado passo de tempo. Na simulação do campo de fases dos três grupos, a fração de volume das partículas da segunda fase é$f_v = 0.05$, e o raio das partículas da segunda fase é respetivamente ($r = 3.0um$, $5.0um$, $8.0um$). Pode ser visto que quando o tamanho da segunda fase é relativamente grande (raio $5.0\mu m$, $8.0\mu m$), o número de grãos é relativamente pequeno e todas as partículas da segunda fase estão localizadas no limite do grão. Para as partículas de fixação menores (raio 3,0), como mostrado na Figura 5-18a, parte das partículas de fixação são distribuídas dentro do grão. As partículas da segunda fase distribuídas no interior do grão têm um fraco impedimento ao movimento do limite do grão, e o fenómeno do movimento do limite do grão que deixa as partículas da segunda fase é normalmente designado por "unpinning". A principal razão para a "separação" dos limites dos grãos é que a força de fixação das partículas da segunda fase não pode resistir à força motriz causada pela curvatura dos limites dos grãos. Neste momento, os limites de grão ainda se difundem, de modo que os limites de grão originais continuam a migrar em torno das partículas da segunda fase. A partir dos três conjuntos de resultados de simulação, pode concluir-se que a capacidade de "desfazer" os limites do grão está intimamente relacionada com a dimensão das partículas da segunda fase de fixação, e o fenómeno de "desfazer" dificilmente ocorrerá quando a dimensão do grão de fixação for grande.

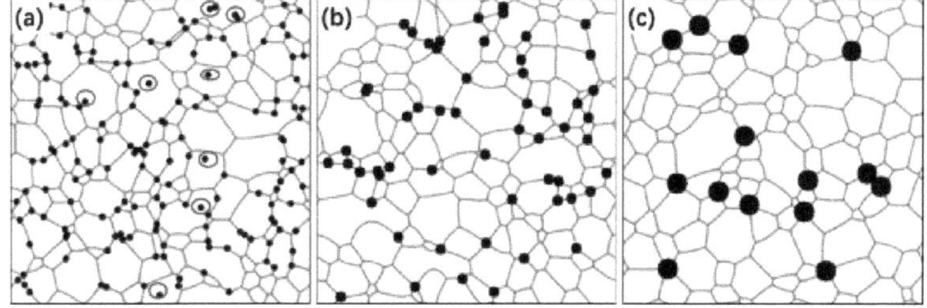

Figura 5-18 Efeitos de partículas de segunda fase de diferentes tamanhos no crescimento do grão. Os três grupos de partículas de segunda fase com diferentes tamanhos são: , $r = 3\mu m r = 5\mu m$, $r = 8\mu m$

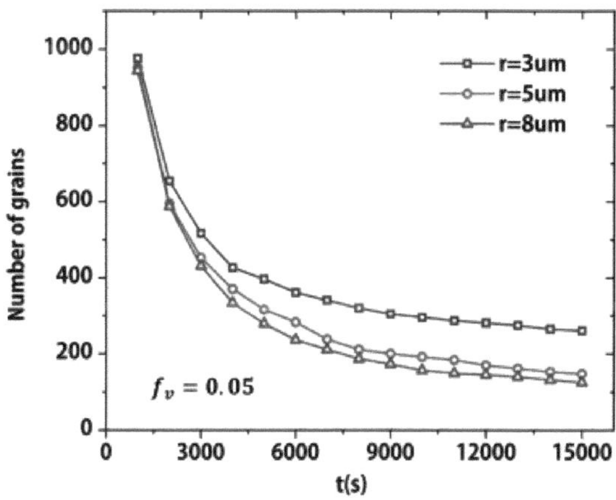

Figura 5-19 Efeito das partículas da segunda fase com diferentes tamanhos no número de partículas policristalinas

A partir dos resultados apresentados em 5-19, pode verificar-se que, com o aumento do tamanho das partículas da segunda fase, o efeito de refinamento do grão não é óbvio. Embora o aumento do tamanho possa melhorar o obstáculo das partículas de fixação única à migração dos limites do grão, devido ao pequeno número de fixação, as partículas de tamanho pequeno têm um melhor efeito de refinamento do grão sob a mesma fração de volume. Por conseguinte, pode concluir-se que o efeito de refinamento do grão é dominado pelo número de partículas de fixação e que o tamanho das partículas de fixação apenas afecta o efeito de fixação das partículas individuais.

5.4.3.3 Influência da morfologia das partículas da segunda fase no crescimento policristalino

As partículas de fixação em materiais policristalinos muitas vezes não se limitam a partículas esféricas . Atualmente, para diferentes graus de liga de alumínio, a morfologia da segunda fase de precipitação de envelhecimento é diferente, e a morfologia da forma de tira de placa (zona GPII, fase θ'), agulha (β'' , β'), ferradura, fusiforme e esférica.

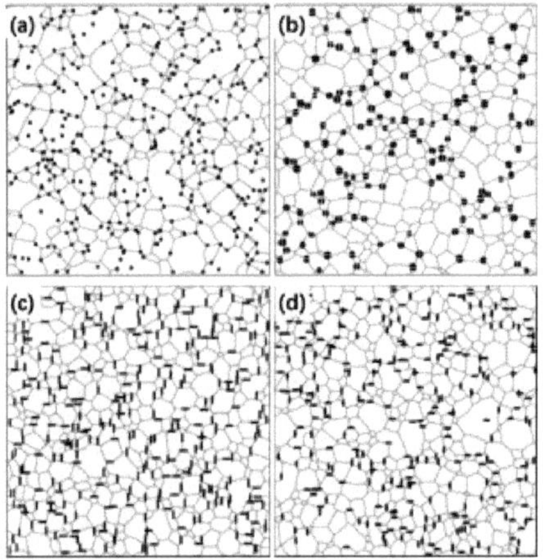

Figura 5-20 A influência das partículas da segunda fase com diferentes morfologias (esférica, em ferradura, em forma de tira, fusiforme) no crescimento de grãos policristalinos (t = 10000). A fração volumétrica das partículas da segunda fase 5%

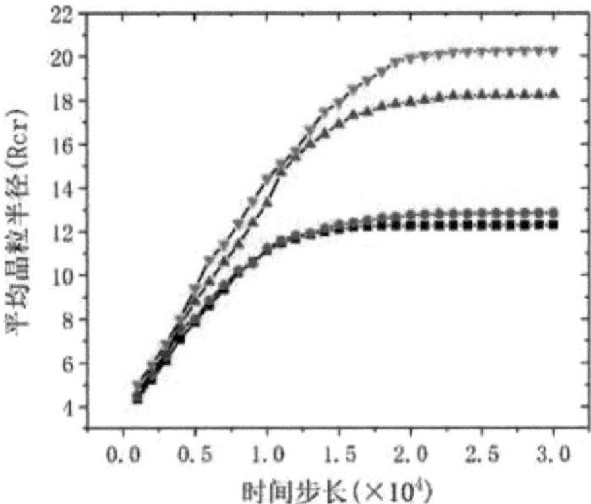

Figura 5-21 Curvas de distribuição do tamanho e da frequência das partículas da segunda fase (esféricas, em ferradura, em forma de tira, fusiformes) com diferentes morfologias após a fixação

A Figura 5-21 mostra que o efeito de fixação das partículas de fixação esféricas e em forma de ferradura não é tão óbvio como o das partículas de fixação em forma de tira e fusiformes, e o raio médio do grão após a fixação é superior ao das partículas de fixação em forma de tira e fusiformes. As partículas de fixação em ferradura e esféricas têm uma área de superfície específica elevada, e a área total do limite do grão aumenta ao entrar em contacto com o limite do grão. No entanto, em comparação com o contacto entre as partículas em forma de tira e fusiformes e o limite do grão, a área de contacto entre as partículas esféricas e em forma de ferradura e o limite do grão é menor, e o limite do grão terá espaço suficiente para migrar e fazer o grão crescer. No sistema de ligas atual, a morfologia das partículas da precipitação de envelhecimento é variada, normalmente não se limitando a uma determinada forma da partícula. A FIG. 5-22 mostra a comparação entre a estrutura simulada da fase precipitada acicular na liga de alumínio 6XXX e as fotografias experimentais de microscópio eletrónico.

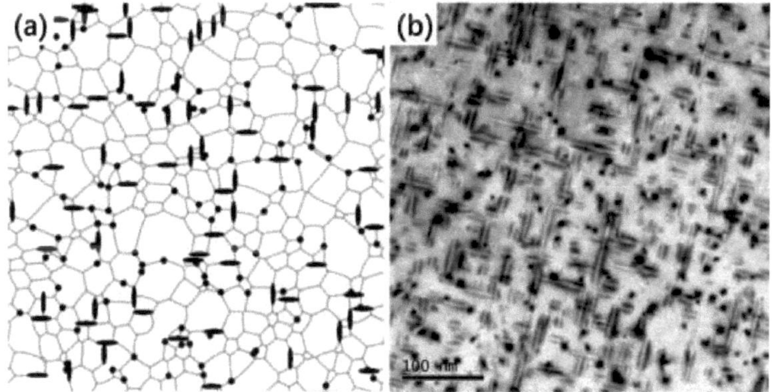

Figura 5-22 A simulação do campo de fase do segundo precipitado de partículas mutuamente perpendiculares no policristalino (o ponto representa a secção transversal do precipitado de agulha) e os resultados do precipitado da liga de alumínio 6XXX

A simulação do campo de fases pode revelar a relação entre o tamanho do grão durante o crescimento policristalino e a fração de volume, tamanho e morfologia das partículas da segunda fase ao longo do tempo. As informações sobre o tamanho microestrutural obtidas a partir de simulações de campo de fase podem servir como parâmetros de entrada para o modelo de previsão de resistência para avaliar as propriedades mecânicas dos materiais.

5.5 Verificação da equação de Zener da relação entre a dimensão das partículas da segunda fase e o raio limite do grão

Pode ser visto na Secção 5.4.3 que diferentes fracções de volume de partículas da segunda fase formarão estruturas policristalinas com diferentes tamanhos de grão limite. Zener propôs a relação entre a fração volumétrica da segunda fase (f_a), o raio limite do grão do material policristalino (R_{lim}) e o raio médio da partícula da segunda fase (r_{sp}) através do efeito de fixação das partículas esféricas no limite do grão :

$$\frac{R_{lim}}{r_{sp}} = \frac{4}{3} f_a^{-1} \quad (5\text{-}22)$$

A relação Zener da fórmula (5-22) tem de cumprir determinados pré-requisitos: (1) A forma da partícula da segunda fase é esférica perfeita, e não pode haver aproximação equivalente na forma, e a força motriz de uma única partícula pode ser resolvida pela fórmula de curvatura; (2) O efeito de múltiplas partículas de segunda fase no limite do grão satisfaz o princípio da soma simples, e as partículas de fixação são distribuídas uniformemente em toda a região; (3) A forma e a posição da segunda fase não mudam durante a evolução do multi-grão; □ Os limites dos grãos são retos. No entanto, um grande número de experiências mostra que o índice de ajuste entre a fração de volume da segunda fase, o raio limite do grão e o raio médio do grão é de cerca de -0,5, o que é muito diferente do índice de ajuste da relação Zener padrão (-1). A discrepância entre estes resultados experimentais e os valores teóricos deve-se aos pressupostos pouco razoáveis do modelo Zener. Cada vez mais resultados experimentais mostram que existe uma relação exponencial simples entre a fração de volume da segunda fase, o raio limite do grão e o raio médio do grão

$$\frac{R_{lim}}{r_{sp}} = w f_a^{-k} \quad (5\text{-}23)$$

Com base nos resultados da simulação do campo de fase obtidos neste trabalho, a FIG. 5-23 mostra a relação entre a razão entre o raio limite do grão (R_{lim}) e o raio equivalente (r_P) da partícula da segunda fase e a fração de volume (f_v) da partícula da segunda fase.

5.6 Resumo do presente capítulo

Este capítulo começa com a teoria do campo de interface de difusão e fornece uma explicação detalhada dos parâmetros de ordem que descrevem o crescimento do grão, juntamente com o modelo de campo de fase correspondente. Introduz termos relevantes para partículas de segunda fase acopladas nas equações dinâmicas do modelo, levando à derivação de um modelo de campo de fase que incorpora o efeito de fixação de partículas. Subsequentemente, através de discussões e optimizações dos parâmetros do modelo, foi estabelecida uma equação dinâmica que descreve razoavelmente o crescimento do grão. As simulações de crescimento de grão analisaram as transformações estruturais topológicas e investigaram os efeitos de diferentes fracções de volume, tamanhos e formas de partículas de segunda fase no crescimento de grão. Foram obtidas as seguintes conclusões:

1. A simulação do campo de fase do crescimento do grão verifica a teoria de Neumann-Mullins $(f-6)$ da transformação topológica do grão, ou seja, quando o número de arestas do grão f é superior a 6, os grãos crescerão, caso contrário, desaparecerão lentamente. Ao mesmo tempo, a simulação do crescimento dinâmico bidimensional dos grãos também segue a condição de estabilidade de Lifshitz-Slyozov, ou seja, o tamanho médio $R^2 \sim t$ dos grãos policristalinos.

2. O parâmetro de ordem do campo de fase p tem uma influência óbvia no modo de crescimento dos policristais. Quando os parâmetros de ordem são relativamente pequenos, os grãos com a mesma orientação são fáceis de fundir. Quando a escala do parâmetro de ordem é maior, os grãos com orientações diferentes devoram os grãos mais pequenos à sua volta e o tamanho médio global dos grãos aumenta. O número de variáveis do campo de fase numa simulação razoável do campo de fase de crescimento multigrão deve ser satisfeito $p > 36$.

3. Através da discussão da fração de volume, tamanho e morfologia das partículas da segunda fase, a lei básica do crescimento do policristal pela unha da segunda fase é obtida: ①Com o aumento da fração de volume da segunda fase, o número de partículas da segunda fase aumenta, resultando na diminuição do tamanho do limite de grão. □As partículas de fixação menores tendem a ser distribuídas ao longo do limite do grão, enquanto as partículas de fixação maiores geralmente estão localizadas na junção dos cristais trigêmeos. Quanto mais partículas de fixação de tamanho pequeno, a migração geral do limite de grãos é obviamente prejudicada, mas para uma única partícula de fixação, o efeito de fixação é reduzido, e a aparência de "unpinning" geralmente ocorre, e "unpinning" causará crescimento anormal de grãos. □ As partículas de fixação mais afiadas em forma de tira e fusiformes têm um efeito de fixação mais óbvio, enquanto as partículas esféricas e em forma de ferradura mais lisas e lisas têm uma capacidade de fixação mais fraca no limite do grão.

4. Ao verificar a relação de Zener entre o tamanho da partícula e o raio limite do grão da segunda fase de fixação, obtém-se uma relação exponencial diferente da

relação da fixação esférica ideal. Neste capítulo, a relação$(1.24 \pm 0.11)f_v^{(-0.48 \pm 0.02)}$ entre o tamanho equivalente da segunda fase e o raio limite do grão é simulada.

Capítulo 6 Simulação microcósmica e de campo de fase contínua da deformação plástica policristalina induzida por tensão

6.1 Introdução

Existem dois padrões principais de crescimento de grãos policristalinos nanométricos: migração das fronteiras de grãos policristalinos e rotação de grãos nanocristalinos. A redução da área da interface através da migração das fronteiras de grão (migração das fronteiras por curvatura) e a alteração da energia das fronteiras de grão através da rotação nanocristalina (energia não uniforme das fronteiras de grão) podem reduzir a energia do sistema [185-187]. Estes dois padrões de crescimento de grão estão frequentemente associados um ao outro e ocorrem simultaneamente. A teoria tradicional do crescimento do grão é dominada pela curvatura da fronteira do grão, que se move em direção ao seu centro de curvatura a uma determinada velocidade. Atualmente, a maior parte da investigação sobre o crescimento do grão centra-se na migração dos limites do grão sem a ação de um campo externo e na análise da transformação da estrutura topológica entre os grãos. A influência dos campos externos, tais como a tensão aplicada, o campo magnético e o campo elétrico nos limites do grão, tem atraído grande atenção na indústria. No caso dos materiais policristalinos nanométricos, a rotação do grão é considerada um fenómeno de deformação plástica à temperatura ambiente (como a laminagem a frio de produtos metálicos), mas o mecanismo subjacente ainda não é claro, principalmente porque o processo de deslizamento da deslocação no nanocristalino está quase completamente diminuído e a energia da interface à temperatura ambiente não é suficiente para desencadear o deslizamento dos limites do grão.

A deformação do material, a migração dos limites do grão, a rotação do grão, o movimento de deslocação e outros processos materiais abrangem diferentes escalas espaciais e temporais. Atualmente, não existe um quadro unificado de campo de fases para simular a evolução multi-escala da microestrutura do material. O estudo comparativo de modelos de campos de fases de diferentes escalas é útil para compreender o mecanismo interno da deformação plástica dos materiais. Neste capítulo, os processos de migração dos limites de grão induzidos pela tensão e de rotação de grão são simulados pelo modelo de campo de fase contínuo e pelo modelo de campo de fase microscópico de cristais, respetivamente.

6.2 Migração dos limites dos grãos à escala mesoscópica e rotação dos grãos

6.2.1 Definição do modelo e dos parâmetros

A fim de estudar a migração na fronteira do grão de materiais policristalinos, foi adotado neste estudo um modelo de campo multifásico contínuo, que foi proposto pela primeira vez por Steinbach et al. [88]. Para materiais policristalinos ideais, a energia da interface é a principal contribuição do funcional de energia do campo de fases:

$$F = \int f^{int}\, d\Omega \tag{6-1}$$

A densidade de energia da interface do sistema é expressa da seguinte forma[88]:

$$f^{int} = \sum_{\alpha=1,\alpha\neq\beta}^{N} \frac{4\sigma_{\alpha\beta}}{\eta}\left\{-\frac{\eta^2}{\pi^2}\nabla\phi_\alpha\cdot\nabla\phi_\beta + \phi_\alpha\phi_\beta\right\} \tag{6-2}$$

Em queη representa a largura da interface de difusão do sistema policristalino, a fórmula 6-2$\sigma_{\alpha\beta}$ refere-se ao valor da energia de fronteira do grão entre os grãos do sistema, no sistema de material puro, assumindo que a energia de fronteira do grão entre todos os grãos do sistema é igual, ou seja, $\sigma_{\alpha\beta} = \sigma$, a fórmula 6-2N indica o número de grãos locais no sistema ($N = 2$ refere-se à interface entre os grãos,$N = 3$ refere-se ao ponto de junção de três fronteiras de grão, denominado "ponto de três bifurcações"). Na área de simulação, cada grão é representado por uma única variável de campo de faseϕ_α , as variáveis de campo de fase são uma função da localização espacial e do tempo, no interior do grãoα há$\phi_\alpha(x,y,z,t) = 1$, outras regiões de grão fora do grão α têm $\phi_\alpha(x,y,z,t) = 0 = 0$. Na região de fronteira cristalina policristalina, a variável de campo de fase tem$0 < \phi_\alpha(x,y,z,t) < 1$, e a variável de campo de faseϕ tem o seu valor de transição suave entre 0 e 1 ao atravessar a região de fronteira cristalina. Uma vez que a variável de campo de fase é um campo não conservativo, a evolução dinâmica da variável de campo de faseϕ pode ser obtida através da resolução da equação de Ginzburg-Landau (Ginzburg-Landau):

$$\dot{\phi}_\alpha = \sum_{\beta=1}^{N} \frac{M}{N}\left(\frac{\delta F}{\delta\phi_\alpha} - \frac{\delta F}{\delta\phi_\beta}\right) = \frac{M\sigma}{N}\sum_{\beta=1\neq\alpha}^{N}\left[I_\alpha - I_\beta\right] \tag{6-3}$$

entre

$$I_\gamma = \nabla^2\phi_\gamma + \frac{\pi^2}{\eta^2}\phi_\gamma \tag{6-4}$$

Na fórmula 6-3, M representa a mobilidade interfacial entre grãos adjacentes eσ representa a energia interfacial entre grãos. Para um sistema ideal de substância pura, a energia interfacial e a mobilidade interfacial entre todos os grãos são iguais.

Nesta secção, o processo de crescimento do grão policristalino em três dimensões é primeiro simulado pelo modelo de campo multifásico. No estado inicial, o tamanho da área de simulação é definido como$(512\ dx)^3$. Os parâmetros utilizados na simulação tridimensional do campo de fases dos grãos policristalinos são apresentados na tabela 6-1.

Tabela 6-1 Parâmetros utilizados na simulação do campo de fase de materiais policristalinos

Parâmetros	Símbolos	Valores/Expressões
Espaçamento da grelha	dx	$1\times10^{-7}m$
Largura da interface	η	$5\times10^{-7}m$

Passo de tempo inicial	dt	$10^{-1}\ s$
Energia de interface	σ	$1\ J\ m^{-2}$
Mobilidade da interface	M	$10^{-14}\ m^4\ J^{-1}s^{-1}$

6.2.2 Simulação do campo de fases da migração tridimensional dos contornos de grão

Neste capítulo, foi utilizado um modelo de campo multifásico para simular o processo de migração de fronteiras de grão tridimensionais de sistemas policristalinos. Como se mostra na figura 6-1a, a estrutura inicial multigrão foi criada pelo método de incrustação de Voronoi, e havia 3000 grãos no sistema multigrão inicial (N=3000). A simulação assumiu que as fronteiras de grão entre os grãos eram todas isotrópicas.

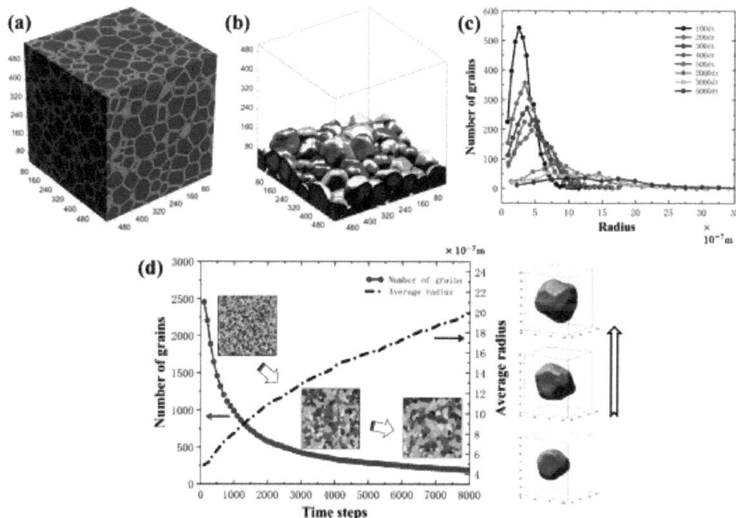

Figura 6-1 Simulação MPF do crescimento de grão policristalino. (a) Fotografia de uma célula tridimensional de simulação de crescimento de grão. (b) Empilhamento de grãos de diferentes orientações na célula de simulação. (c) Distribuição do tamanho dos grãos em diferentes passos de tempo de evolução. (d) O número de grãos e o raio médio em função do tempo de evolução (A imagem da secção transversal representa a caixa de simulação quando Z=256 grelhas)

A partir dos resultados de crescimento de grãos policristalinos mostrados nas Figuras 6-1a e 6-1b, pode-se ver intuitivamente que a maioria dos grãos policristalinos tridimensionais simulados pelo campo polifásico estão num estado equiaxial. No início, o raio da maioria dos grãos está concentrado em torno de ~ 0,25um. À medida que a curvatura da fronteira do grão leva à ligação de grãos com diferentes orientações, os grãos grandes começam a engolir os grãos pequenos adjacentes. Após 5000 passos de evolução, o raio médio dos grãos do sistema policristalino aumentou de ~0,25um para cerca de 2um (ver Figura 6-1c). Pode observar-se no diagrama de secção transversal bidimensional da Figura 6-1d que as fronteiras de grão entre grãos adjacentes tendem a achatar-se, e a curvatura da fronteira de grão torna-se menor, e as fronteiras de grão estão basicamente num estado plano após 8000 passos de evolução. Como mostra a Figura 6-1d, o tamanho médio dos grãos do sistema policristalino aumenta com o tempo de evolução, enquanto o número total de grãos continua a diminuir.

Em particular, o crescimento e a evolução de grãos individuais no sistema policristalino simulado pelo campo de fase tridimensional não só mostram o aumento contínuo do tamanho do grão, mas também o aumento do número de superfície do grão. A figura 6-2 mostra o processo de contacto mútuo de dois grãos sem contacto na região de simulação do campo de fase que migram para os limites de grão um do outro através de limites de grão policristalinos. Como se pode ver na Figura 6-2, com a expansão dos limites de grão, o tamanho do grão aumenta e o número de planos de grão também muda.

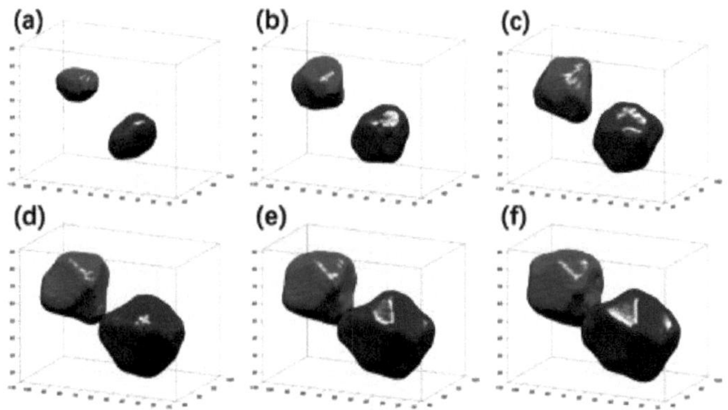

Figura 6-2 Evolução do campo de fases de dois grãos desde a distância até ao contacto

6.2.3 Crescimento multigrãos sem stress

Neste capítulo, o processo de crescimento policristalino tridimensional é simulado utilizando o modelo de campo multifásico, e os processos de expansão dos limites dos grãos e de rotação dos grãos policristalinos são analisados tomando o plano bidimensional Z=256 do processo de crescimento e evolução dos grãos policristalinos tridimensionais em diferentes tempos de evolução.

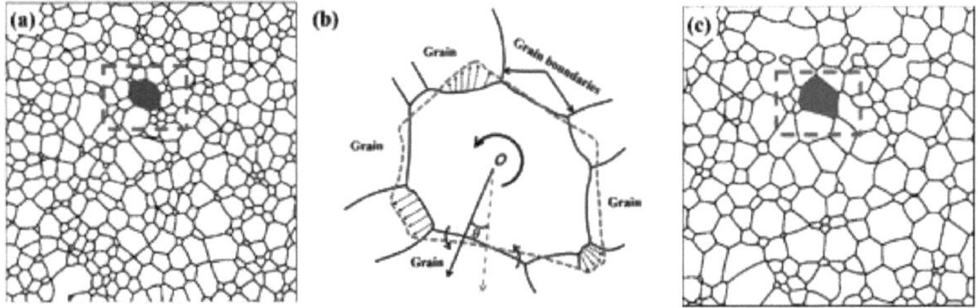

Figura 6-3 **(a)** Simulação de campo de fase da estrutura policristalina de crescimento de grão após 300s. **(b)** O desenho esquemático de um grão (região "azul" na Fig.6-3a) num policristalino e o grão (região "vermelha" na Fig.6-3c) após o movimento da fronteira do grão. **(c)** Simulação do campo de fase da estrutura policristalina do crescimento do grão após 700s.

As Figuras 6-3a e 6-3c mostram a estrutura do grão policristalino quando o tempo de simulação do campo de fase t=300s e t=700s, respetivamente. A Figura 6-3b mostra a sobreposição dos contornos da fronteira do grão do mesmo grão no sistema policristalino em diferentes tempos de evolução (a linha preta sólida representa os contornos da fronteira do grão a 300s, e a linha vermelha a tracejado representa os contornos da interface após 700s).

No modelo de campo de fases com crescimento e evolução de grãos múltiplos, o processo de evolução dinâmica das variáveis de campo não conservativas com o tempo de evolução segue a equação funcional de Ginzburg-Laudan, ou seja, o critério de declínio da energia total do sistema. A estrutura de grão policristalina apresentada nas Figuras 6-3a e 6-3c mostra que a área limite do grão diminui e o tamanho médio do grão aumenta sob curvatura. Como se pode ver no diagrama esquemático da sobreposição de limites de grão na Figura 6-3b, a direção de migração dos limites de grão curvos aponta toda para o centro da curvatura, enquanto os limites de grão planos basicamente não se espalham e migram. Além disso, antes e depois do crescimento do grão, a direção normal da fronteira de grão reto tem umθ ângulo de rotação no sentido contrário ao dos ponteiros do relógio. Os resultados da simulação do campo de fase mostram que a migração dos limites do grão e a rotação do grão ocorrem sempre simultaneamente antes e depois do mesmo crescimento do grão.

6.2.4 Crescimento multigrãos sob ação de stress

Após a fundição do material metálico e o tratamento térmico de recozimento homogeneizado, é geralmente necessário fabricar um fuso metálico através de diferentes processos de forjamento para facilitar o transporte. Nesta altura, a estrutura policristalina interna do fuso metálico apresenta geralmente um estado de cristal equiaxial após o alívio de tensões e, em seguida, o fuso metálico tem de ser processado por laminagem a quente e laminagem a frio para formar várias formas de biletes para processamento subsequente. Durante o processo de laminagem, ocorre uma série de alterações estruturais nos grãos dos materiais policristalinos metálicos e a principal razão para a alteração da morfologia dos grãos é a migração anisotrópica dos limites dos grãos policristalinos. O processo de laminagem do metal afectará diretamente o processamento plástico subsequente do material. O processo de crescimento do grão impulsionado pela curvatura dos limites do grão é fácil de deformar sob a influência de um campo externo. O estudo do mecanismo de deformação do grão permite compreender melhor as alterações da microestrutura durante o processamento do material. Nesta secção, o processo de deformação de vários grãos sob cargas planas biaxiais é simulado por um modelo de campo multifásico.

Nesta simulação de campo multifásico, é aplicada uma tensão biaxial, a dimensão da taxa de deformação é$\dot{\varepsilon} = 1 \times 10^{-5} s^{-1}$ e a dimensão da deformação biaxial está relacionada com o tempo de evolução, em que ,$x = x(1 + \varepsilon_x)\varepsilon_x > 0$, respetivamente, representa a deformação de tração na direção x; ,$y = y(1 + \varepsilon_y)\varepsilon_y < 0$, representa a deformação de compressão aplicada na direção y; em que$|\varepsilon_x|$=$|\varepsilon_y|$=$\dot{\varepsilon} \cdot n \cdot dt$. Como se mostra na Figura 6-4a, sob tensão biaxial de cristais equiaxiais (diagrama de aplicação de tensão na Figura 6-4b), o processo de crescimento do grão apresenta uma direção preferencial (como se mostra na Figura 6-4c). A migração da fronteira de grão na direção da tensão de tração é significativamente mais rápida do que na direção da tensão de compressão, e a fronteira de grão como um todo é alongada para formar uma estrutura de grão de fibra deformada. O tamanho do grão da estrutura cristalina equiaxial original é relativamente concentrado e o limite do grão é plano (ou seja, a curvatura da interface é aproximadamente zero e a força motriz é muito pequena). Sob a ação de tensão externa, a dimensão média do grão do sistema multigrão esticado torna-se maior.

A estrutura fibrosa multigrão formada após a deformação por laminagem da liga de alumínio surge frequentemente no processamento de materiais de liga de alumínio, como se mostra na Figura 6-5, que é o diagrama de orientação do grão policristalino de difração de retorno de electrões (EBSD) da liga de alumínio e magnésio após laminagem a frio. Como se pode ver na FIG. 6-5, a estrutura multigrão que se encontrava originalmente no estado de cristal equiaxial evoluiu gradualmente para uma estrutura policristalina fibrosa após a laminagem a frio. A comparação dos resultados da simulação do campo de fases com o diagrama de orientação EBSD mostra que a microestrutura obtida pela simulação do campo de fases está em boa concordância com os resultados experimentais. É de salientar que o processo de recristalização por recuperação de grãos múltiplos não é considerado nesta simulação de campo de fases.

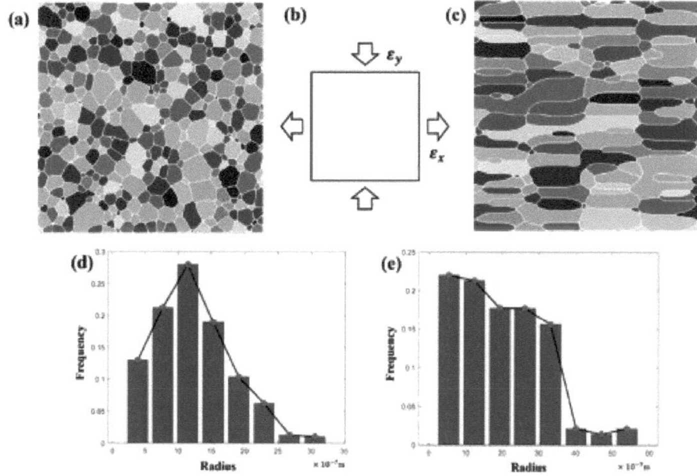

Figura 6-4 (a) Grãos equiaxiais formados por crescimento normal de grão (cores diferentes indicam orientações diferentes dos grãos); **(b)** O esquema da aplicação da tensão biaxial (,$x = x(1+\varepsilon_x)\varepsilon_x > 0$ indica a tensão de tração na direção x; $y = y(1+\varepsilon_y)\varepsilon_y < 0$ indica a deformação de compressão na direção y;$|\varepsilon_x|$=$|\varepsilon_y|$=$\dot{\varepsilon} \cdot n \cdot dt$, ,$\dot{\varepsilon} = 1 \times 10^{-5}s^{-1}n$ passos de tempo totais); **(c)** A vista em corte do crescimento do grão sob deformação biaxial; **(d)** e **(e)** representam os diagramas de distribuição de frequência do tamanho do grão antes e depois da aplicação da deformação, respetivamente.

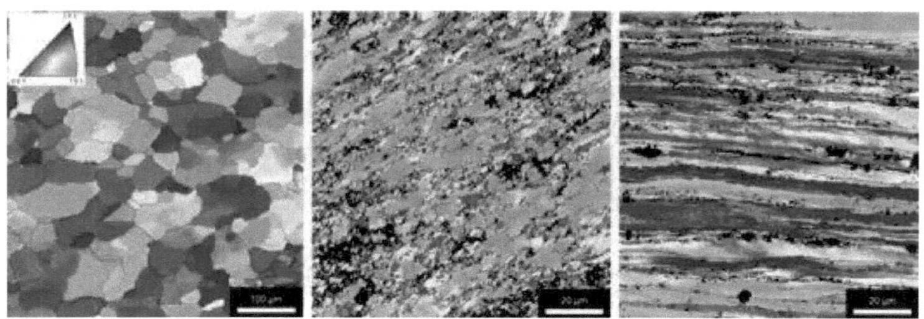

Figura 6-5 Mapa de orientação da difração de retrodispersão eletrónica (EBSD) da estrutura de grãos da liga Al-Mg antes e depois da laminagem

A partir da distribuição de frequência do tamanho do grão na Figura 6-4d e 6-4e, pode ver-se que, sob a ação da tensão, a distribuição do tamanho do grão evolui gradualmente do tamanho médio inicial (~ 0,11um) para crescer e expandir-se dentro de um determinado intervalo de tamanho (0,05um~ 0,45um). Neste processo, o grão maior cresce à custa do grão adjacente mais pequeno, resultando no desaparecimento gradual do grão contraído e no aumento gradual do tamanho médio do grão (ver Figura 6-6).

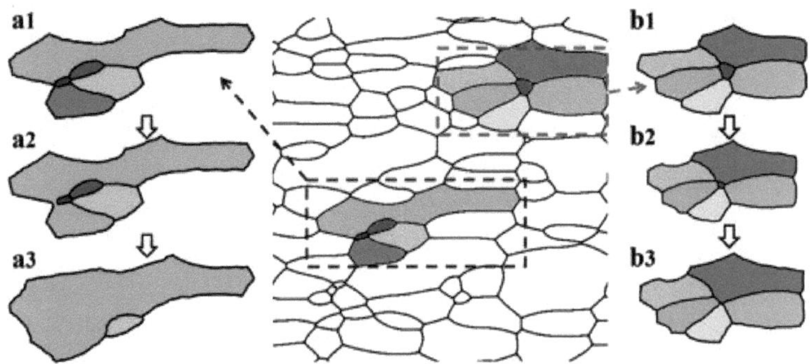

Figura 6-6 Os grãos são alongados ao longo da direção de tração, e os grãos grandes crescem eliminando os grãos adjacentes que estão a encolher

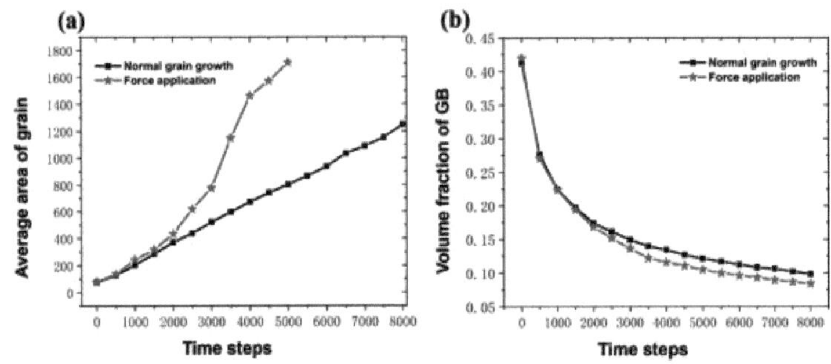

Figura 6-7 (a) Área média do grão e **(b)** fração volumétrica do contorno de grão em função do tempo de evolução com e sem força aplicada

Como todos sabemos, uma vez que as fronteiras de grão policristalinas não são normalmente mantidas num estado retilíneo, existe uma força motriz de migração da interface quando a curvatura não é zero e a energia da interface do sistema é reduzida, resultando numa migração contínua da fronteira de grão. O crescimento do grão segue a lei de potência do tamanho médio do grão e do tempo de evolução (condição de estabilidade do crescimento de Lifshitz-Slyozov [171]):$R^2 \sim t$, em que$R$ é o raio médio do grão et é o tempo de evolução. No entanto, a relação de crescimento da lei de potência entre o tamanho do grão e o tempo de evolução já não é válida sob carga externa. A Figura 6-7a mostra a relação funcional entre a área média do grão e o tempo de evolução com e sem forças externas. Em comparação com a relação linear entre a dimensão do grão e o tempo de simulação no estudo do crescimento normal do grão, a área média do grão aumenta mais rapidamente sob a ação de tensões. A Figura 6-7b mostra a fração volumétrica do contorno de grão em função do tempo de evolução em ambos os casos. Como se pode ver na análise da Figura 6-7b, a tensão acelera a migração das fronteiras de grão, resultando numa redução mais rápida da fração de volume das fronteiras de grão.

É de salientar que, embora as microestruturas dos materiais policristalinos após a deformação plástica induzida por tensão simulada pelo modelo de campo multifásico sejam muito consistentes com as estruturas de grão fibroso dos materiais metálicos após a laminagem a frio, a caraterização experimental EBSD e a simulação de campo de fase contínua em mesoescala só podem observar o processo de crescimento do grão causado pela migração dos limites do grão. A informação à escala atómica das alterações da orientação de vários grãos (rotação de grãos) induzidas por tensão externa não pode ser observada em pormenor, o que resulta numa compreensão incompleta do mecanismo do processo de deformação plástica policristalina. Além disso, as variáveis do campo de fase no modelo de campo de fase contínua não representam o campo de orientação do grão (embora sejam designadas por campos de orientação na referência [166], não podem refletir o valor específico do ângulo de orientação do limite do grão). Obviamente, o modelo de campo multifásico não é um método de acoplamento forte baseado na orientação da rede. A teoria cristalina do campo de fases pode simular a evolução da microestrutura de materiais policristalinos numa escala de tempo de difusão e numa escala espacial. A próxima investigação neste capítulo irá elaborar o mecanismo de deformação plástica de materiais policristalinos à escala atómica, partindo da simulação de cristais de campo de fase à escala atómica.

6.3 Migração dos limites dos grãos à escala atómica e rotação dos grãos

6.3.1 modelo cristalino de campo de fase para ação de tensão acoplada

O modelo de cristal de campo de fase utilizado nesta secção foi proposto pela primeira vez por Elder[100]. A função de energia livre para materiais puros de qualidade única pode ser derivada da teoria clássica do funcional da densidade:

$$\tilde{F} = \int \left\{ \frac{\varphi}{2}(e + \lambda(q_0^2 + \nabla^2)^2)\varphi + g\frac{\varphi^4}{4} \right\} d\boldsymbol{r} \tag{6-5}$$

Em queφ é o parâmetro de ordem que descreve a densidade de probabilidade atómica, pelo queφ toma o máximo local na fase sólida para representar a posição central do átomo, eφ é um valor de referência constante na fase líquida. Ondeq_0 representa o vetor de onda da rede, e a relação de conversão$d = 2\pi/q_0$ entre a distância entre planos cristalinos$d$. Ao definir o parâmetro adimensional$\epsilon = -e/(\lambda q_0^4)$, utiliza-se a densidade atómica adimensional em vez de$\rho = \varphi(g/(\lambda q_0^4))^{1/2}$, $r^* = q_0 r$, $F^* = g/(\lambda^2 q_0^6)\tilde{F}$, não se obtém nenhuma dimensão do funcional de energia livreF^* :

$$F^* = \int \left\{ \frac{\rho}{2}(-\epsilon + (1 + \nabla^2)^2)\rho + \frac{\rho^4}{4} \right\} d\boldsymbol{r}^* \tag{6-6}$$

O modelo cristalino de campo de fase acoplado a forças externas, a função de energia livre □ do sistema é expressa como

$$F = \int F^*\big(\rho(x(1+\varepsilon), y(1-\varepsilon))\big) dV = \int [F^*(\rho(x, y)) + E_{ext}(\varepsilon, x, y)] dV \tag{6-7}$$

Entre eles,E_{ext} é a energia extra causada por uma força externa, denotada como:

$$E_{ext}(\varepsilon, x, y) = V_{ext} \cdot \rho \tag{6-8}$$

OndeV_{ext} é a contribuição das forças externas, ver a referência [67] para a expressão específica. A densidade atómica de diferentes estruturas cristalinasρ é obtida a partir da energia livre sob uma aproximação de modo único. Para a estrutura da fase triangular (superfície cúbica de face centrada (111)), a expressão pode ser expressa como

$$\rho(x, y) = A_T\big[cos(qx)cos(qy/\sqrt{3}) - cos(2qy/\sqrt{3})/2\big] + \rho_0 \tag{6-9}$$

Em que,$q = \sqrt{3}/2$ indica o vetor de onda eρ_0 se refere à densidade atómica média e à sua amplitude de densidade atómica

$$A_T = \frac{4}{15}\left(3\rho_0 - \sqrt{-36\rho_0^2 - 15r}\right) \tag{6-10}$$

A evolução da variável conservadora do campo de densidade atómicaρ ao longo do tempo no sistema é regida pelas equações dinâmicas de Cahn-Hilliard

$$\frac{\partial \rho}{\partial t} = \nabla^2 \frac{\delta F}{\delta \rho} = \nabla^2[-\epsilon\rho + \rho^3 + (1 + \nabla^2)^2\rho + V_{ext}] \tag{6-11}$$

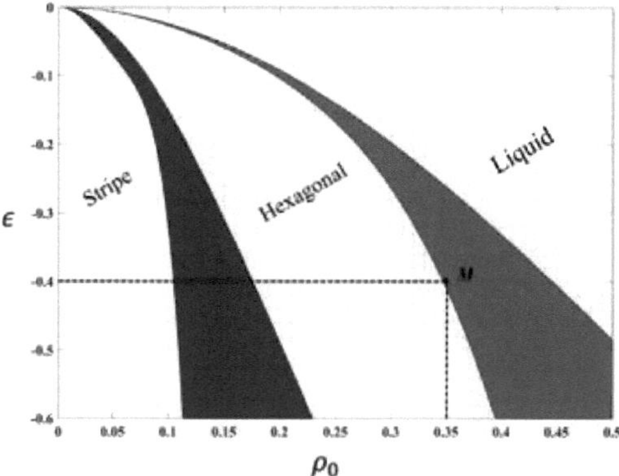

Figura 6-8 Diagrama de fase bidimensional do campo médio obtido utilizando a aproximação de um modo. As regiões azul e vermelha indicam regiões de coexistência

No modelo de cristal de campo de fase, a evolução da densidade atómicaρ com a superfície cúbica centrada na face (111) é controlada pela equação 6-11, que é um sistema não linear de sexta ordem de equações diferenciais parciais sem solução anal ítica. A solução numérica só pode ser resolvida por um método de cálculo numérico específico ao resolver a equação de evolução dinâmica das variáveis do campo de fase com a densidade do número atómico do cristal do campo de fase. Neste estudo, o mé todo semi-implícito do espetro de Fourier [132] será utilizado para resolver o sistema de equações diferenciais parciais 6-11 para obter a relação da densidade do número at ómico com o tempo. A fórmula 6-11 no espaço de Fourier pode ser expressa como:

$$\frac{\tilde{\rho}_{k,t+\Delta t} - \tilde{\rho}_{k,t}}{\Delta t} = -k^2\{[\epsilon + (1-k^2)^2\tilde{\rho}_{k,t+\Delta t} + \tilde{\rho}^3_{k,t} + \tilde{V}_{ext}]\} \qquad (6\text{-}12)$$

Entre eles, ,$\tilde{\rho}_{k,t}\tilde{\rho}^3_{k,t}$ e$\tilde{V}_{ext}$ representam as formas transformadas de ,$\rho\rho^3$ eV_{ext} no espaço de Fourier, conforme descrito na Equação 6-11. Ok denota o vetor de onda no espaço de Fourier, o passo espacial na simulação do campo de fase$\Delta x = \Delta y = \pi/4$ e o passo de tempo .$\Delta t = 0.5$

De acordo com a referência [188], o modelo de campo de fases pode obter uma relação funcional entre a densidade de energia livre de cada fase da matéria pura e o funcional da densidade do número atómico em simulações bidimensionais. Posteriormente, calculando as densidades atómicasρ_s eρ_l das fases coexistentes de matéria pura, utilizando o método da tangente comum padrão de equilíbrio de fases, de acordo com a lei de equilíbrio de fases, que inclui a condição de que os potenciais químicos das duas fases sejam iguais $\frac{\partial f_s(\rho_s)}{\partial \rho_s} = \frac{\partial f_l(\rho_l)}{\partial \rho_l}$, bem como o requisito de que os potenciais de grandeza das duas fases satisfaçam a fórmula de relação $f_s(\rho_s) - \mu\rho_s = f_l(\rho_l) - \mu\rho_l$. Finalmente, calculando as composições de equilíbrio de cada fase em diferentes temperaturas (diferença ϵ), foi obtido um diagrama de fase estrutural para as fases na simulação de cristal de campo de fase bidimensional, como mostrado na Figura 6-8.

Neste estudo, o método do campo de fase cristalina foi utilizado para simular o material de estrutura policristalina FCC (111) em duas dimensões. As principais razões para a simulação bidimensional do campo de fase são as seguintes: Em primeiro lugar, a análise da morfologia tridimensional dos defeitos dos grãos nanocristalinos reais requer demasiados parâmetros fenomenológicos, e estes factores e parâmetros são dif íceis de considerar plenamente no processo de simulação do campo de fase; em segundo lugar, atualmente, a microscopia eletrónica de transmissão in situ (*in situ*) é utilizada para observar diretamente a deformação plástica do grão, e as amostras normalmente tratadas são películas policristalinas com estrutura bidimensional. Em terceiro lugar, um grande número de experiências mostra que o comportamento de deformação de materiais policristalinos a granel é muito semelhante ao das películas finas. Neste estudo, o tamanho da região simulada é $L_x \times L_y = 1024\Delta x \times 1024\Delta y$, e o seu tamanho real é de cerca de 40 nm. Os grãos policristalinos com diferentes orientações no estado inicial são mostrados na Figura 6-9a. Considerado na simulação, o tamanho de grão de 12 orientações diferentes (28,2°, 21,2°, 56,7°, 3,5°, 43,4°, 13,4°, 35,9°, 56,8°, 45,5°, 38,4°, 23,05°, 7,2°). Na Figura 6-9a, estão identificadas de 1 a 12 em algarismos árabes e são utilizadas condições de fronteira periódicas na simulação. Após o tempo de relaxamento de 100.000 passos, o sistema policristalino obteve uma estrutura policristalina estável (como se mostra na Figura 6-9b), e a configuração ató mica neste momento corresponde à disposição atómica no plano da estrutura FCC (111). A partir da Figura 6-9b, os limites dos grãos entre grãos com diferentes orientações podem ser claramente identificados, e a disposição dos deslocamentos nos limites dos grãos pode ser observada. Devido à diferente orientação entre grãos adjacentes, a densidade de deslocação no limite do grão também é diferente. Após 100.000 passos de relaxamento, a energia do sistema policristalino atinge basicamente a estabilidade, como se mostra na Figura 6-9d. A ilustração mostra a disposição periódica da densidade atómica da linha vermelha (L) na Figura 6-9b, e a posição do pico da onda periódica é o centro do átomo.

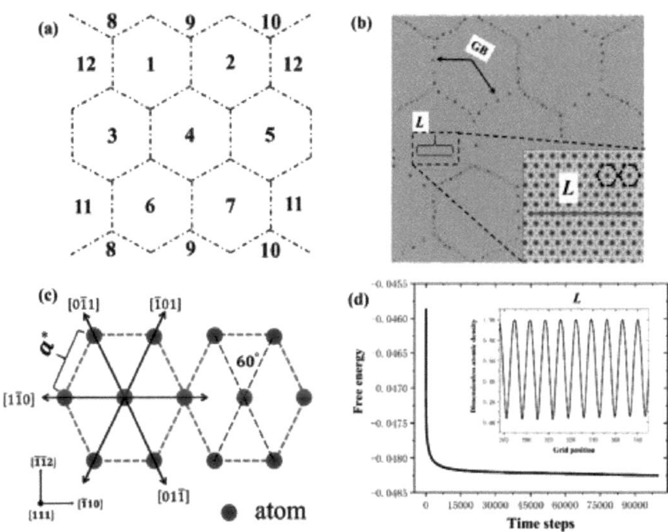

Figura 6-9 **(a)** O esquema do modelo de cristal equiaxial com diferentes orientações na superfície (111) do FCC. **(b)** A configuração atómica inicial do sistema policristalino foi gerada pelo modelo PFC após 100.000 passos de tempo de relaxação. **(c)** A configuração atómica no plano (111) numa estrutura cristalina de FCC; **(d)** Energia livre em função do tempo de relaxação. A inserção na figura **(b)** mostra a disposição periódica da densidade atómica da linha vermelha ( )L

6.3.2 Migração de limites de grão sob tensão externa

As FIG. 6-10 mostram um conjunto de imagens de simulação de cristais de campo de fase obtidas sob diferentes durações de deformação. A estrutura policristalina inicial é composta por 12 grãos com equiaxos e diferentes orientações. A FIG. 6-10 mostra a migração dos limites dos grãos entre dois nanocristais adjacentes com um tamanho médio de grão de cerca de 13 nm. Nesta secção, o modelo de cristal de campo de fase é utilizado para simular o processo de migração da fronteira de grão sob tensão externa. A tensão de tração é aplicada ao longo do eixo X e a tensão de compressão é aplicada ao longo do eixo Y (a direção da seta dupla na Figura 6-10 é a direção da tensão aplicada). Esta tensão inicial é definida para simular o estado de tensão da liga de alumínio no processo de laminagem.

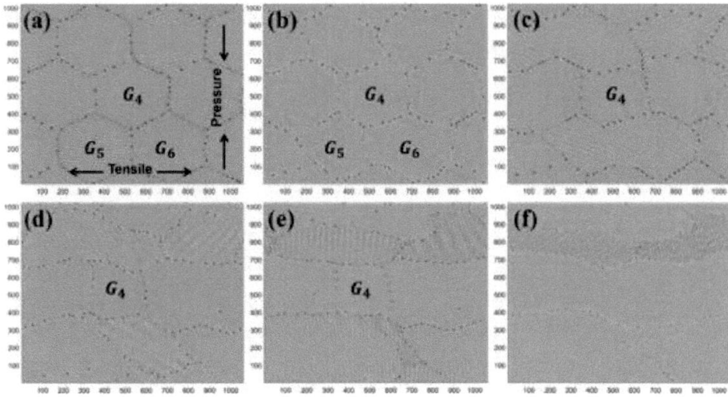

Figura 6-10 Uma série de instantâneos de materiais policristalinos durante durações de força. **(a)** 103000, **(b)** 205000, **(c)** 290000, **(d)** 390000, **(e)** 575000, **(f)** 765000 passos de tempo

Os resultados mostram que a morfologia dos grãos nanocristalinos é anisotrópica sob tensão axial de tração, e os grãos nanocristalinos mudam gradualmente de grãos equiaxiais para grãos alongados ao longo da direção da tensão de tração. A Figura 6-10a mostra a configuração dos primários policristalinos antes do início do processo de migração dos limites de grão. Para mostrar o movimento do contorno de grão, três grãos com orientações diferentes são rotulados como " G_4 " , " G_5 "e" G_6 ", respetivamente. Por conveniência, definirGB_{i-j} representa o limite de grão entreG_i eG_j , o limite entre a forma e a posiçãoGB_{i-j} muda com o movimento do limite de grão, a diferença de ânguloθ entre as duas orientações de grão muda de acordo com a rotação de grão. Com o aumento da tensão,GB_{5-6} move-se para o interior do grãoG_5 , como mostra a Figura 6-10b. Ao mesmo tempo, não se encontra nenhuma migração óbvia deGB_{4-5} eGB_{4-6} nos limites do grão. O movimento deGB_{5-6} resulta no aumento do tamanho do grão deG_6 e na diminuição do tamanho do grão deG_5 . Sob carga contínua, os limites do grão na região simulada migrarão, resultando numa forma de grão estreita e fibrosa, o que é consistente com a caraterização EBSD dos grãos após a simulação de campo multifásico e a laminagem a frio. Mais interessante, o movimento multi-grão mostrado na Figura 6-10b-e indica que o tamanho do grão pequeno G_4 não se expande e cresce durante o processo de deformação, o que é causado por uma tensão local insuficiente que provoca a migração dos limites de grão dos grãos ultra-finos. No entanto, verifica-se na Figura 6-10f que o grão pequenoG_4 desaparece. Isto mostra que a força motriz da migração da fronteira de grão depende não só da curvatura da fronteira de grão, mas também da tensão local perto da interface. O desaparecimento do grão pequenoG_4 indica que os nanocristais podem ter outra forma de mecanismo de deformação plástica. Os resultados da simulação de cristal de campo de fase não só observaram a migração da fronteira de grão puro, como também confirmaram o fenómeno de rotação de grão que acompanha a migração da fronteira de grão.

6.3.3 Rotação do grão sob tensão externa

A Figura 6-11 mostra uma série de mapas de evolução da deformação plástica policristalina induzida por tensão cristalina de campo de fase simulada para ilustrar a rotação do grão mediada pela deslocação do limite do grão à escala atómica. A Figura 6-11a mostra a imagem capturada antes da deformação e a vista ampliada com resolução atómica também é mostrada na Figura 6-11a, onde a disposição da deslocação na fronteira de grãoGB_{3-4} é realçada e o símbolo ("T") representa a deslocação de borda e o seu plano semi-atómico em excesso. Ao desenhar a disposição da deslocação de borda, pode ver-se que a deslocação na fronteira do grão ocorre aos pares. O ângulo entre o par de deslocações de bordo é de 60°, o que constitui uma forma única de deslocação na face cristalina do FCC(111).

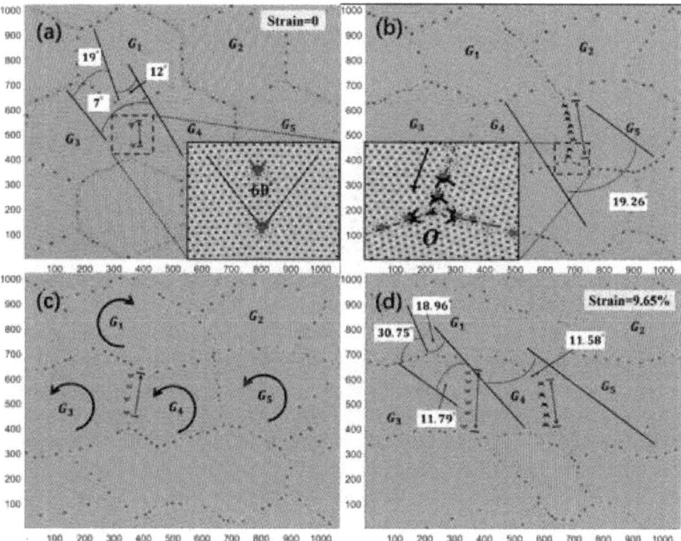

Figura 6-11 Imagens de simulação tiradas em diferentes tempos de evolução, mostrando a rotação do grão mediada por deslocações na fronteira do grão. **(a)** Dois pares de deslocações no contorno de grão (marcados com 'T') emGB_{3-4} . **(b-d)** O número de deslocações emGB_{3-4} aumentou durante a deformação, levando a que o ângulo do contorno de grão emGB_{3-4} aumentasse de 7° para 11,79°.

A Figura 6-11a destaca cinco grãos separados por limites de grãos (~ 13nm, rotulado "G_1 "para"G_5 "). Como mostrado na figura, as configurações atômicas de G_1 , G_3 eG_4 grãos mostram arranjos óbvios de orientação$[\bar{1}10]$, e os ângulos de diferença de orientação de limite de grão deGB_{1-3} eGB_{1-4} são 19 ° e 12 °, respetivamente. Na Figura 6-11a, as setas de duas cabeças representam o eixo de carga da tensão externa. Sob a ação adicional da tensão (Figura 6-9b-d), ocorre a migração deGB_{1-2} ,GB_{3-4} eGB_{4-5} uma série de deslocamentos regulares nos limites do grão pode ser vista em e. No processo de aplicação da tensão, o número de deslocações emGB_{3-4} aumentou com a aplicação da tensão e a distância média entre deslocações diminuiu dos 2,4 nm iniciais para 1,38 nm, o que aumentou o ângulo de orientação deGB_{3-4} de 7° para 11,79°, enquanto o número de deslocações emGB_{4-5} diminuiu com a aplicação da tensão e a distância média entre deslocações aumentou dos 0,9 nm iniciais para 1,41 nm. Através da análise, ambos os grãos G_1 , G_3 , G_4 e G_5 experimentaram diferentes graus de rotação de grãos no processo de deformação, e sua direção de rotação foi mostrada na Figura 6-11c.

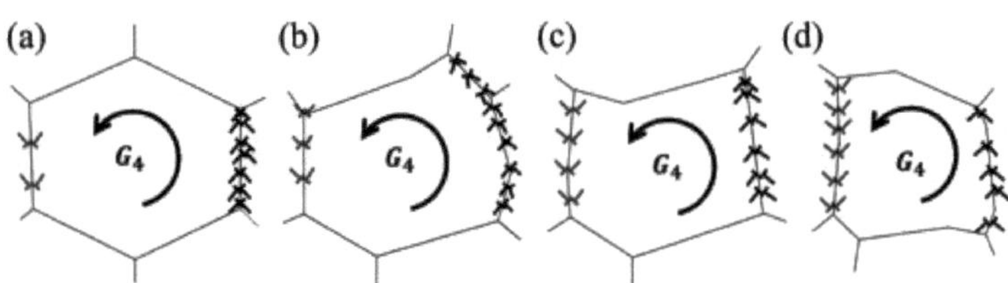

Figura 6-12 Esquema da deslocação GB no limite esquerdo (GB_{3-4}) e no limite direito (GB_{4-5}) do grãoG_4 na Fig.6-11d

A Figura 6-12 mostra a evolução das deslocações nos limites de grão à esquerda e à direita do grão identificado comoG_4 . Durante todo o processo de deformação, não foi encontrada qualquer interação de deslocação no grão pequeno. A deslocação ampliada em resolução atómica apresentada na Figura 6-11b mostra que as deslocações dos três limites de grão sobem gradualmente em direção à intersecção dos três limites de grão, O (Three-forked point). Devido à relação especial entre a orientação da deslocação do bordo, ocorrerá uma série de reacções de deslocação na intersecção,O (como se mostra na Figura 6-13 abaixo). A aniquilação e absorção de deslocações causadas pela reação de deslocações no ponto de três bifurcações (ou noutros limites de grão) de materiais policristalinos é a causa principal da variação do número de deslocações nos limites de grão. O número de deslocações no contorno de grão aumenta ou diminui devido à subida das deslocações no contorno de grão e à absorção das deslocações do par de pontos de três bifurcações, que é causada pela rotação entre grãos adjacentes. Este processo ilustra que a fronteira do grão sofre migração e rotação entre grãos adjacentes sob tensão axial de tração. A análise do movimento de deslocação à escala atómica dos nanocristais policristalinos, impulsionado pela tensão, permite compreender melhor o mecanismo de plasticidade à microescala.

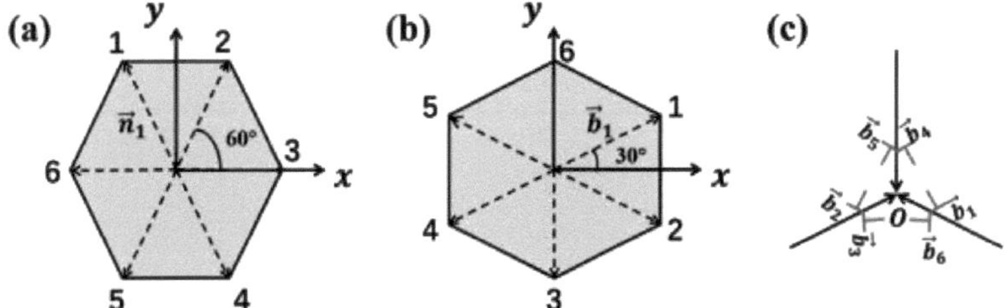

Figura 6-13 (a) Seis direcções possíveis do arranjo atómico$\vec{n}_i$ de metade de um plano atómico em excesso de uma deslocação de aresta no plano da rede triangular 2D; (b) Seis direcções possíveis do vetor de Burgers$\vec{b}_i$ da deslocação de aresta correspondente à direção do arranjo atómico$\vec{n}_i$. (c) Deslocação de absorção no ponto de junção tripla O

Como se mostra na Figura 6-13a, para uma superfície cristalina de grão cúbico de face centrada (111), o vetor de deslocação de borda (excesso de semi-primitiva) tem apenas seis direcções de orientação possíveis:

$$\vec{n}_1 = \left[-\frac{1}{2},\frac{\sqrt{3}}{2}\right], \vec{n}_2 = \left[\frac{1}{2},\frac{\sqrt{3}}{2}\right], \vec{n}_3 = [1,0],$$
$$\vec{n}_4 = \left[\frac{1}{2},-\frac{\sqrt{3}}{2}\right], \vec{n}_5 = \left[-\frac{1}{2},-\frac{\sqrt{3}}{2}\right], \vec{n}_6 = [-1,0] \tag{6-13}$$

Isto também significa que o vetor de Burgers correspondente tem seis direcções poss íveis (como se mostra na Figura 6-13b):

$$\vec{b}_1 = \left[\frac{\sqrt{3}}{2},\frac{1}{2}\right], \vec{b}_2 = \left[\frac{\sqrt{3}}{2},-\frac{1}{2}\right], \vec{b}_3 = [0,-1],$$
$$\vec{b}_4 = \left[-\frac{\sqrt{3}}{2},-\frac{1}{2}\right], \vec{b}_5 = \left[-\frac{\sqrt{3}}{2},\frac{1}{2}\right], \vec{b}_6 = [0,1] \tag{6-14}$$

Estes vectores de Burgers correspondem, um a um, aos correspondentes vectores de deslocação de arestas$\vec{n}_i$. Para a deslocação de bordo, a direção da deslocação é perpendicular ao vetor de Burgers, $\vec{n}_i \perp \vec{b}_i$. Como se mostra na Figura 6-13c, ocorreu uma série de reacções de deslocação de borda perto do ponto O de três bifurcações na fronteira do grão,

$$(\vec{b}_2+\vec{b}_3)+(\vec{b}_4+\vec{b}_5)+(\vec{b}_6+\vec{b}_1) \quad (6\text{-}15)$$
$$=\left(\frac{\sqrt{3}}{2},-\frac{1}{2}\right)+(0,-1)+\left(-\frac{\sqrt{3}}{2},-\frac{1}{2}\right)$$
$$+\left(-\frac{\sqrt{3}}{2},\frac{1}{2}\right)+(0,1)+\left(\frac{\sqrt{3}}{2},\frac{1}{2}\right)=0$$

No processo de rotação do grão, o número de deslocações no limite do grão aumentará ou diminuirá, e o espaçamento das deslocações no limite do grão pode ser ajustado pela escalada das deslocações ao longo do limite do grão. Ao mesmo tempo, o ângulo de orientação entre os grãos está sempre a mudar. Note-se que na Figura 6-11, o grãoG_4 roda cerca de 4,79° em relação ao grãoG_3 e 7,68° em relação ao grãoG_5 . Se apenas os grãosG_4 sofrem o processo de rotação, o ângulo de rotação deG_4 em relação às outras partículas deve ser o mesmo. A medição dos ângulos de rotação de GB_{1-3} e GB_{1-4} mostra que todos os ângulos de rotação apresentam valores diferentes, o que indica que estes grãos trabalham em conjunto para completar o processo de rotação dos grãos, ou seja, os grãos interagem e rodam de forma coordenada durante o processo de deformação. Este estudo fornece provas diretas da migração simultânea dos limites de grão e da rotação de grão em materiais policristalinos, o que foi confirmado por experiências de microscopia eletrónica de transmissão in situ. Na documentação de referência [189], o recém-desenvolvido dispositivo de deformação do microscópio eletrônico de transmissão de alta resolução (HETEM) foi usado para observar (*in situ*) o processo de deformação dinâmica da escala atómica de filmes nanocristalinos de platina Pt. Os resultados mostram que quando o tamanho do grão é menor que 6nm, o modo de deformação plástica muda da migração do limite do grão para a rotação do grão, e vários grãos participam da rotação dos grãos de forma coletiva cooperativa. As observações experimentais in situ também mostram que a rotação de grãos é causada pelo movimento de escalada das deslocações dos limites dos grãos e pela absorção das deslocações pelas junções dos limites dos grãos, em vez do deslizamento dos limites dos grãos entre grãos adjacentes.

6.4 Rotação dos grãos e equação de Frank-Bilby

A rotação dos grãos é conseguida através da alteração do conteúdo das deslocações nos limites dos grãos. Como diz a famosa equação de Frank-Bilby, o movimento das deslocações nos limites dos grãos ao longo dos mesmos altera a diferença de orientação entre os grãos adjacentes:

$$\boldsymbol{B}=2sin\frac{\theta}{2}(\rho\times\boldsymbol{p}) \quad (6\text{-}16)$$

Em que$\boldsymbol{B}$ representa o número total de vectores de Burgers na deslocação na fronteira do grão,$\boldsymbol{\theta}$ representa o ângulo de diferença de orientação entre grãos adjacentes e$\boldsymbol{\rho}$ refere-se ao eixo de rotação do grão ($|\rho|$). Todas as deslocações nos limites do grão podem ser incluídas no ciclo do vetor de Burgers selecionando o vetor adequado$\boldsymbol{p}$. De acordo com a fórmula (6-16), um aumento do número de deslocações na fronteira do grão conduzirá a um aumento do número de vectores de Burgers $\boldsymbol{B}$, o que conduzirá a um aumento do ângulo de orientação da fronteira do grãoθ . Inversamente, a redução do número de deslocações na fronteira do grão reduzirá o número de Burgers$\boldsymbol{B}$ e, consequentemente, o ângulo de diferença de orientação$\boldsymbol{\theta}$ entre grãos adjacentes.

A evolução de uma deslocação na fronteira do grão que provoca a rotação dos grãos no plano na simulação do campo de fase pode ser verificada pela equação (6-16), em que$\boldsymbol{p}$ é um vetor perpendicular aρ e$(\rho \times \boldsymbol{p})$ é representado na mesma direção que o vetor de Burgers. A equação de Frank-Bilby pode ser escrita como:

$$\frac{b}{h} = \frac{\boldsymbol{B}}{\boldsymbol{p}} = 2sin\frac{\theta}{2} \tag{6-17}$$

Onde,b é o módulo do vetor Burgs do deslocamento de borda (na estrutura FCC$b = \alpha/2\,[110]$, ~ 0,286 nm), eh é a distância média entre os deslocamentos de limite de grão. O valor previsto da equação de Frank-Bilby pode ser comparado com o valor observado da simulação do campo de fase. A Figura 6-9a e 6-9d mostra que o espaçamento médio das deslocações do contorno de grão antes e depois da evolução deGB_{3-4} é de 2,4nm e 1,38nm, respetivamente. De acordo com os resultados da simulação de campo de fase, os ângulos de diferença de orientação do contorno de grão calculados pela equação (6-17) são 6,83° e 11,9°, respetivamente, que são muito consistentes com os ângulos de diferença de orientação do contorno de grão medidos pela simulação de campo de fase (7° e 11,79°, respetivamente). Esta relação quantitativa também pode ser verificada pela evolução deGB_{4-5} . É de notar que, para a aplicação da equação de Frank-Bilby acima referida, este estudo apenas verifica o vetor de Burgers da deslocação perpendicular ao plano do contorno de grão, ou seja, a componente do vetor de Burgers da deslocação de borda. Isto deve-se ao facto de a deslocação em espiral não poder ser detectada e quantificada nos resultados actuais da simulação do campo de fase. Normalmente, uma deslocação de borda faz com que o grão rode dentro do plano de deslocação, enquanto uma deslocação em espiral faz com que o grão se incline ao longo do plano do vetor de Burgers.

Neste capítulo, para além de verificar a rotação da fronteira de grão entre grãos adjacentes utilizando a simulação de cristal de campo de fase, também se estuda a migração da fronteira de grão e a fusão de grãos entre grãos grandes e pequenos. A FIG. 6-14 mostra uma série de imagens de simulação da evolução da microestrutura, incluindo grãos grandes e pequenos, a partir da qual se pode verificar que os grãos pequenos são absorvidos pelos grãos grandes circundantes devido à migração dos limites dos grãos. A Figura 6-14a mostra a microestrutura policristalina da fronteira de grão antes da aplicação da tensão, a partir da qual são identificados três grãos ("G6", "G7" e "G11"), e a linha sólida amarela é utilizada para realçar a fronteira de grão para ilustrar o processo de migração da fronteira de grão.Com a aplicação de tensão e a acumulação de deformação, a deslocação do contorno de grão entre os grãosG_6 eG_7 desaparece finalmente no contorno de grão ao deslizar dentro do grão, fazendo desaparecer o contorno de grão entre os grãosG_6 eG_7 , e o ponto original de três bifurcações no contorno de grão transforma-se gradualmente no contorno de grão, e os dois grãosG_6 eG_7 fundem-se (FIG. 6-14A-b).

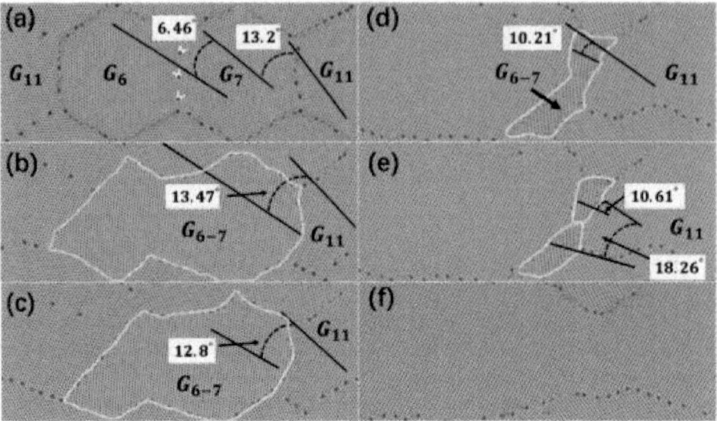

Figura 6-14 Coalescência e aniquilação de grãos na simulação PFC

Sob carga contínua (FIG. 6-14B-F), a migração dos limites dos grãos faz com que o tamanho dos grãos fundidos G_{6-7} diminua continuamente até que os grãos desapareçam. Neste caso, as partículas pequenas são absorvidas pelas partículas maiores circundantes, o que é consistente com as previsões teóricas anteriores.

6.5 Resumo do presente capítulo

Neste trabalho, a migração dos limites do grão e a rotação do grão durante a deformação plástica da estrutura policristalina induzida por tensão são estudadas utilizando um modelo de campo de fase multi-escala. O processo de crescimento do grão mediado pela migração dos limites do grão é analisado por um modelo de campo multifásico à escala mesoscópica, e o mecanismo microscópico à escala atómica da migração dos limites do grão e da rotação do grão durante a deformação plástica foi estudado por um modelo de campo de fase cristalina. As seguintes conclusões podem ser retiradas da investigação efectuada neste capítulo:

1. A migração da fronteira de grão aponta sempre para o centro de curvatura da fronteira de grão durante o crescimento de múltiplos grãos, e a fronteira de grão reto não se move durante o processo de crescimento de grão. O eixo normal da fronteira de grão reto é desviado durante o crescimento do grão, o que prova que a migração da fronteira de grão e a rotação do grão ocorrem sempre em simultâneo.

2. A forma do grão dos materiais policristalinos muda de equiaxial para fibrosa sob tensão externa. O efeito da tensão acelera a diminuição da fração volumétrica dos limites do grão, e a área média do grão e o tempo de evolução já não satisfazem a lei de crescimento linear$R^2 \sim t$. Os resultados da simulação são consistentes com os resultados experimentais da orientação do grão EBSD.

3. É explicado o mecanismo de deformação microscópica da plasticidade policristalina à temperatura ambiente. Sob o estado de tensão, os grãos de grandes dimensões crescem sob a forma de migração dos limites do grão e, para os nanocristais de pequenas dimensões, a rotação do grão torna-se o principal modo de deformação plástica. A rotação do grão é dominada pela deslocação no limite do grão. Quando o

número de deslocações na interface aumenta, o ângulo de orientação do limite do grão aumenta correspondentemente e, vice-versa, o ângulo de diferença de orientação diminui. A absorção de deslocações pelo ponto de três bifurcações do contorno de grão é a principal razão para a variação do número de deslocações do contorno de grão. Ao contrário do mecanismo de deslizamento do contorno de grão ou de fluência por difusão, a rotação do grão co-dominada pela deslocação do contorno de grão e pelo ponto de junção é um novo mecanismo de deformação plástica de metais nanocristalinos policristalinos à temperatura ambiente.

4. Os resultados da simulação de cristal de campo de fase provam diretamente que a relação quantitativa entre o espaçamento de deslocação no limite do grão e a diferença de orientação do grão Angle no processo de rotação do grão é consistente com a teoria de Frank-Bilby.

Capítulo 7 Resumo e perspetiva

7.1 Resumo

Neste trabalho, a segregação de átomos de soluto nos limites de grão, a formação de aglomerados e o crescimento e engrossamento de precipitados durante o processo de envelhecimento da liga de alumínio foram estudados utilizando modelos microscópicos e de campo de fase contínua. Em primeiro lugar, o processo de segregação de átomos de Cu soluto em diferentes limites de grão de ligas Al-Cu foi simulado por meio de um modelo cristalino de campo de fase. Em segundo lugar, o processo de crescimento e de granulação das partículas da fase precipitadaβ'' com a maior eficiência de reforço no envelhecimento da liga Al-Mg-Si foi simulado através do acoplamento do modelo de campo multifásico com os dados termodinâmicos CALPHAD sob energia elástica e interfacial. Com base na influência do tamanho, dimensão e morfologia das partículas precipitadas no crescimento do grão durante o tratamento térmico, foi também estudado o efeito "pinning" das partículas precipitadas na migração dos limites do grão e no crescimento do grão. Finalmente, o mecanismo de deformação plástica policristalina da liga de alumínio é discutido através de um modelo de campo de fases multi-escala. Os principais resultados inovadores deste trabalho são os seguintes:

1. O processo de decomposição modulada em amplitude do soluto Cu na liga Al-4.5Cu nos limites de grão foi revelado usando um modelo de campo de fase microscópico

O enriquecimento do átomo de Cu do soluto para o limite do grão passou por dois processos: segregação do soluto e decomposição da modulação do limite do grão. A segregação do soluto faz com que a solubilidade do soluto no limite do grão seja maior do que no grão, e a decomposição modulada em amplitude do limite do grão resulta na formação de regiões ricas e pobres em soluto. O comportamento de difusão ascendente do soluto no limite do grão faz com que os núcleos de aglomerados se formem e cresçam na área de alta concentração de soluto.

Os diferentes tipos de limites de grão têm grande influência no comportamento de segregação do soluto Cu. O limite de grão de grande ângulo tem maior probabilidade de adsorver átomos de Cu soluto do que o limite de grão de pequeno ângulo. A evolução da composição do soluto no limite do grão afectará a relação de incompatibilidade da rede entre os aglomerados e a fase da matriz. Quando a composição do soluto não sofreu decomposição por modulação de amplitude, o grau de distorção entre a região rica em soluto e a matriz não é óbvio; quando ocorre a decomposição por modulação de amplitude, a distorção da rede entre os aglomerados e a matriz torna-se maior e, finalmente, perde-se a relação coerente, formando-se uma fase precipitada estável no limite do grão.

2. Foi desenvolvido um modelo quantitativo de campo de fase que pode ser utilizado para simular o processo de precipitação de envelhecimento da liga de alumínio e foi simulado o processo de evolução dinâmica da fase precipitada na liga Al-0,94Mg-0,47Si

Impulsionadas pelo campo de deformação elástica, as partículas da fase precipitada β'' crescem de forma anisotrópica, e a direção de alongamento é consistente com a direção de "amolecimento" do módulo de Young. Ao acoplar a energia de deformação elástica e a energia interfacial anisotrópica ao mesmo tempo, a lei quantitativa da função de potência entre a relação comprimento / diâmetro λ da fase precipitadaβ'' na forma de agulha e o tempo de precipitação de envelhecimento$t$ é obtido,$\lambda = kt^n$, onde$k = 1.25$, $n = 0.26$. Ao analisar a distribuição de tensão elástica em torno das partículas de fase precipitadaβ'' , verifica-se que a matriz de alumínio perto da ponta deβ'' carrega uma grande tensão de tração, e o fenômeno de concentração de tensão é muito óbvio. A morfologia da fase precipitada e a lei de evolução da relação comprimento-diâmetro das partículas obtidas por simulação de campo de fase estão de acordo com os resultados experimentais.

3. Os efeitos de diferentes tamanhos de fase precipitada, morfologia e fração de volume de partículas de segunda fase no crescimento policristalino foram simulados pelo modelo de campo de fase contínua

A transição topológica do crescimento policristalino durante o crescimento normal do grão é analisada. Os efeitos de diferentes tamanhos de fase precipitada, morfologia e fração de volume de partículas de segunda fase no crescimento policristalino foram simulados pelo modelo de campo de fase. A relação Zener entre a dimensão das partículas e o raio limite do grão da segunda fase é verificada e obtém-se uma relação exponencial diferente da da fixação esférica ideal. A simulação do campo de fase obteve a relação entre o tamanho equivalenter_m da partícula da segunda fase e o raio limiteR_{lim} do grão é a seguinte: .$R_{lim}/r_m = (1.24 \pm 0.11) f_v^{(-0.48 \pm 0.02)}$

4. É revelado que a rotação do grão co-dominada pela deslocação do limite do grão e pelo ponto de três bifurcações do limite do grão é um novo mecanismo de deformação plástica de metais nanocristalinos à temperatura ambiente

O processo de crescimento do grão mediado pela migração do limite do grão foi analisado pelo modelo de campo multifásico à escala mesoscópica, e o mecanismo microscópico à escala atómica da migração do limite do grão e da rotação do grão durante a deformação plástica foi estudado pelo modelo de cristal de campo de fase. O modelo de campo de fase à escala mesoscópica revela que a migração anisotrópica do limite do cristal ocorre sob a ação da tensão, e o limite do cristal migra na direção da tensão de tração e forma um tecido de grão estreito. O cristal de campo de fase é utilizado para simular o movimento do limite de grão policristalino sob a ação da tensão, e os resultados estão de acordo com a simulação do campo polifásico. Para além disso, é revelado que a absorção de deslocações pelo ponto de três bifurcações do contorno de grão é a principal razão para a variação do número de deslocações do contorno de grão. Ao contrário do mecanismo de deslizamento do contorno do grão ou de fluência por difusão, a rotação do grão co-dominada pela deslocação do contorno do grão e pelo ponto de junção é um novo mecanismo de deformação plástica de metais nanocristalinos policristalinos à temperatura ambiente. Os resultados da simulação de cristais de campo de fase provam diretamente que a relação quantitativa entre a deslocação no limite do grão e a diferença de orientação do grão durante a rotação do grão é consistente com a equação de Frank-Bilby.

7.2 Perspectivas

Neste estudo, foram utilizados modelos de campo de fase microscópica e contínua para simular a evolução dinâmica de uma série de microestruturas de ligas de alumínio, desde a escala atómica até à escala mesoscópica, e o mecanismo de evolução e a lei geral da microestrutura multicamada durante o processo de envelhecimento da liga de alumínio foram revelados quantitativamente, o que forneceu orientação teórica para a conceção de novos materiais de liga de alumínio. Um novo modelo de campo multifásico é desenvolvido através do acoplamento da energia de distorção elástica, do módulo de elasticidade anisotrópico e da energia de interface anisotrópica, o que faz com que o modelo de campo de fase avance no campo da simulação quantitativa. No entanto, o processo de evolução da microestrutura dos materiais a várias escalas é extremamente complexo e a consideração dos factores limitados que afectam a evolução da estrutura não pode satisfazer os requisitos de uma simulação quantitativa completa. A investigação futura tem de ser levada a cabo a partir dos seguintes aspectos:

(1) Através de um potencial de interação interatómica mais preciso acoplado à função de correlação direta no modelo cristalino de campo de fase, a evolução da microestrutura complexa à escala atómica é simulada de uma perspetiva totalmente quantificada.

(2) Neste trabalho, são considerados os efeitos da anisotropia do módulo de elasticidade e da interface matriz/fase precipitada eigenstrain no processo de precipitação por envelhecimento. Subsequentemente, os efeitos da temperatura e da composição no módulo de elasticidade e na deformação intrínseca podem ser considerados no modelo de campo de fase, o que requer o desenvolvimento de um software de simulação de campo de fase mais eficiente.

(3) Ao estabelecer um modelo de resistência com antecedentes físicos, a estrutura microscópica e os parâmetros dos microcomponentes obtidos a partir da simulação do campo de fase são associados às propriedades mecânicas macroscópicas.

(4) É estabelecido um modelo unificado de campo de fase e acoplado a outros métodos computacionais, como a dinâmica molecular, e a microestrutura multi-escala é quantitativamente simulada por transmissão de parâmetros.

Referências

[1] Li Bo, Du Yong, Qiu Lianchang, Pang Mengde, Zhang Weibin, Liu Shuhong, Li Kai, Peng Yingbiao, Zhou Peng, Zheng Zhoushun, Song Min, Seifert H. Sobre Engenharia de Materiais Computacionais Integrados e Engenharia Gen é tica de Materiais: Pensamento e Pr á tica [J]. Progresso material na China,2018, 37(07): 264-283.

[2] Zhu Hongkang, Gu Bin, Liu Shuhui. Pol í tica internacional de novos materiais e pesquisa de programas [J]. Progresso material na China, 2015, 34(4): 326-329.

[3] Jin Zhanpeng, Cai Gemei, Su Liumei, Fan Xing, Zheng Feng. Estratégias de desenvolvimento e fabrico de materiais e seus efeitos para as indústrias chinesas de alta tecnologia [J]. Scientia Sinica, 2016.

[4] Mondolfo Lucio F. Ligas de alumínio: estrutura e propriedades [M]. Elsevier, 2013.

[5] Toropova L S, Eskin D G, Kharakterova M L, Dobotkina T V. Ligas de alumínio avançadas contendo escândio: estrutura e propriedades [M]. Routledge, 2017.

[6] Totten George E, MacKenzie D Scott. Handbook of aluminum: vol. 1: physical metallurgy and processes [M]. CRC press, 2003.

[7] Ardell A J. Uma aplicação da teoria do engrossamento de partículas: O precipitado γ' em ligas de Ni-Al [J]. Ata Metallurgica, 1968, 16(4): 511-516.

[8] Kan Guoming. Simulação de campo de fase e estudo experimental de fundição de liga Mg-Al [D]. 2014.

[9] Liu Yu, Greene M Steven, Chen Wei, Dikin D A, Liu W K. Caracterização e reconstrução de microestrutura computacional para design de material estocástico em várias escalas [J]. Computer-Aided Design, 2013, 45(1): 65-76.

[10] McDowell David L, Panchal Jitesh, Choi Hae Jin, Seepersad Carolyn, Allen Janet. Conceção integrada de materiais e produtos multi-escala e multifuncionais [M]. Butterworth-Heinemann, 2009.

[11] Lee June Gunn. Ciência dos materiais computacionais: uma introdução [M]. CRC press, 2016.

[12] Hafner J. Ciência dos materiais computacional à escala atómica [J]. Ata Materialia, 2000, 48(1): 71-92.

[13] Provatas Nikolas, Elder Ken. Métodos de campo de fase em ciência e engenharia de materiais [M]. John Wiley & Sons, 2011.

[14] Chen Long Qing. Modelos de campo de fase para a evolução da microestrutura [J]. Revisão Anual da Pesquisa de Materiais, 2002, 32(1): 113-140.

[15] Steinbach Ingo. Modelos de campo de fase na ciência dos materiais [J]. Modelação e Simulação em Ciência e Engenharia de Materiais, 2009, 17(7): 73001.

[16] Steinbach Ingo. Modelo de campo de fase para a evolução da microestrutura à escala mesoscópica[J]. Revisão Anual da Investigação de Materiais, 2013, 4389-107.

[17] Chen Long Qing. Método de campo de fase de transições de fase/estruturas de domínio em películas finas ferroeléctricas: uma revisão [J]. Jornal da Sociedade Americana de Cerâmica, 2008, 91(6): 1835-1844.

[18] Yang Shoujie, Dai Shenglong. Revisão e perspetiva de desenvolvimento de ligas de alumínio para aviação [J]. Material introduction, 2005, (02): 76-80.
[19] Wang Jianhua, Yi Danqing, Chen Kanghua, Lu Bin, Liu Sha. Progresso da pesquisa da liga de alumínio resistente ao calor [J]. Processo de materiais aeroespaciais, 2000, (06): 10-13.
[20] Zhao Huan, De Geuser Frédéric, Da Silva Alisson-Kwiatkowski, Gault Baptiste, Ponge Dirk, Raabe Dierk. Precipitação de limite de grão assistida por segregação em uma liga modelo Al-Zn-Mg-Cu [J]. Ata Materialia, 2018, 156318-329.
[21] Krakauer B W, Seidman D N. Estudo à escala subnanométrica da segregação nos limites de grão numa liga de Fe (Si) [J]. Ata Materialia, 1998, 46(17): 6145-6161.
[22] Da Silva, Darvishi R K, Ponge Dirk, Gault B, Neugebauer J, Raabe D. Termodinâmica da segregação de limite de grão, espinodal interfacial e sua relevância para a nucleação durante transições de fase sólido-sólido [J]. Ata Materialia, 2019, 168109-120.
[23] Li Linlin, Li Zhiming, Da Silva, Peng Zirong, Zhao Huan, Gault Baptiste, Raabe Dierk. Decomposição espinodal de limite de grão conduzida por segregação como um caminho para a nucleação de fase em uma liga de alta entropia [J]. Ata Materialia, 2019, 178(10): 1-9.
[24] Sha Gang, Yao Lan, Liao Xiaozhou, Ringer Simon P, Duan Zhichao, Langdon Terence G. Segregação de elementos solutos nos limites de grão numa liga de Al-Zn-Mg-Cu de grão ultrafino [J]. Ultramicroscopia, 2011, 111(6): 500-505.
[25] Zhang Guohui, Yang Xiubo, Huang Leiping, Chen Jianghua. Relação entre a morfologia da corrosão intercristalina e o mecanismo microscópico da liga de alumínio 7055 [J]. Materiais e Engenharia de Metais Raros, 2018,47 (11): 147-153.
[26] Parajuli Prakash. Evolução Microestrutural e Segregação ao Nível Atómico em Filmes de Ligas Metálicas: Uma abordagem para a engenharia de limites de grãos [D]. Universidade do Texas em San Antonio, 2019.
[27] Parajuli Prakash, Romeu David, Hounkpati Viwanou, Mendoze Cruz R, Chen Jun, Miguel J, Flowers J, Ponce Arturo. Complexos de limite de grão de dependência de misorientação em <111> limites de grão de Al de inclinação simétrica [J]. Ata Materialia, 2019, 181216-227.
[28] Wilm Alfred. Physikalisch-metallurgische Untersuchungen über magnesiumhaltige Aluminiumlegierungen [J]. Metallurgie: Zeitschrift für de gesamte Hüttenkunde, 1911, 8(8): 225-227.
[29] Wolverton Christopher, Ozoliņš V. Ordenação entropicamente favorecida: a metalurgia do Al-2Cu revisitada [J]. Physical Review letters, 2001, 86(24): 5518.
[30] Zandbergen H W, Andersen S J, Jansen J. Determinação da estrutura das partículas de Mg5Si6 em Al por estudos dinâmicos de difração de electrões [J]. Science, 1997, 277(5330): 1221-1225.
[31] Lu L, Lai M O, Hoe M L. Formaton de Mg2Si nanocristalino e Mg2Si dispersão reforçada liga Mg-Al por liga mecânica [J]. Nanostructured Materials, 1998, 10(4): 551-563.
[32] Guinier André. Estrutura das ligas de alumínio-cobre endurecidas pelo envelhecimento [J]. Nature, 1938, 142(3595): 569-570.
[33] Preston G D. Structure of age-hardened aluminium-copper alloys [J]. Nature,

1938, 142(3595): 570.
[34] Hirano Ken ichi. Processo de envelhecimento em soluções sólidas de alumínio-zinco temperadas [J]. Journal of the Physical Society of Japan, 1955, 10(11): 995-1002.
[35] Guinier André. Interprétation de la diffusion anormale des rayons X par les alliages à durcissement structural [J]. Ata Crystallographica, 1952, 5(1): 121-130.
[36] Dubey Ph A, Schönfeld B, Kostorz G. Forma e estrutura interna das zonas de Guinier-Preston em Al-Ag [J]. Ata Metallurgica Et Materialia, 1991, 39(6): 1161-1170.
[37] Smith W F. O efeito dos tratamentos de reversão nos mecanismos de precipitação numa liga Al-1.35Mg-2Si [J]. Metallurgical Transactions, 1973, 4(10): 2435-2440.
[38] Inoue H, Sato T, Kojima Y, Takahashi T. O limite de temperatura para a formação da zona GP numa liga Al-Zn-Mg [J]. Transacções Metalúrgicas e de Materiais A, 1981, 12(8): 1429-1434.
[39] Xie Guoliang, Wang Qiangsong, Mi Xujun, Xiong Baiqing, Peng Lijun. O comportamento de precipitação e fortalecimento de uma liga de Cu-2.0wt% Be [J]. Ciência e Engenharia de Materiais: A, 2012, 558326-330.
[40] Hirano Ken ichi, Hono K. Field Ion Studies of Structure of GP Zones [J]. Revisão Anual da Ciência dos Materiais, 1988, 18(1): 351-380.
[41] Driver J H, Unthank D C, Jack K H. Zonas GP substitucionais-intersticiais em ligas de Fe-Mo nitretadas [J]. Revista Filosófica, 1972, 26(5): 1227-1231.
[42] Sato Tatsuo, Hirosawa Shoichi, Hirose Kiyoshige, Maeguchi T. O papel dos elementos de microliga na formação de aglomerados na fase inicial de decomposição de fases de ligas à base de Al [J]. Transacções Metalúrgicas e de Materiais A, 2003, 34(12): 2745-2755.
[43] Boyd J D, Nicholson RBm. O comportamento de engrossamento dos precipitados θe θ′ em duas ligas Al-Cu [J]. Ata Metallurgica, 1971, 19(12): 1379-1391.
[44] Embury J D, Lloyd D J, Ramachandran T R. Strengthening mechanisms in aluminum alloys. Elsevier, 1989: 579-601.
[45] Jacobs M H. A estrutura dos precipitados metaestáveis formados durante o envelhecimento de uma liga Al-Mg-Si [J]. Revista Filosófica, 1972, 26(1): 1-13.
[46] Khachaturyan AG, Lindsey T F, Morris J W. Investigação teórica da precipitação de δ' em Al-Li [J]. Metallurgical Transactions A, 1988, 19(2): 249-258.
[47] Wang Zhutang. Liga de alumínio e seu manual de processamento [M]. Central South University of Technology Press, 2000.
[48] Hull Derek, Bacon David J. Introduction to dislocations [M]. Elsevier, 2011.
[49] Orowan Egon. Fratura e resistência dos sólidos [J]. Reports on Progress In Physics, 1949, 12(1): 185.
[50] Kim Seong Gyoon, Park YB. Segregação de limites de grão, arrastamento de soluto e crescimento anormal de grão [J]. Ata Materialia, 2008.
[51] Kirchheim Reiner. Coarsening de grãos inibido pela segregação de soluto [J]. Ata Materialia, 2002, 50(2): 413-419.
[52] Cahn John W. O efeito de arrastamento de impurezas no movimento de contorno de grão [J]. Ata Metallurgica, 1962, 10(9): 789-798.
[53] Hughes D Dew, Robertson W D. Endurecimento por partículas dispersas de

monocristais de liga de alumínio-cobre [J]. Ata Metallurgica, 1960, 8(3): 147-155.
[54] He Hailin, Yi Youping, Huang Shiquan, Zhang Yuxun. Efeitos da temperatura de deformação nas partículas de segunda fase e nas propriedades mecânicas da liga 2219 Al-Cu [J]. Ciência e Engenharia de Materiais: A, 2018, 712414-423.
[55] Hall E O. The deformation and ageing of mild steel: III discussão de resultados [J]. Actas da Sociedade de Física. Secção B, 1951, 64(9): 747.
[56] Diederik Johannes van der Waals. A teoria termodinâmica da capilaridade sob a hipótese de uma variação contínua da densidade [J]. Journal of Statistical Physics, 1979, 20(2): 200-244.
[57] Cahn John W. On spinodal decomposition [J]. Ata Metallurgica, 1961, 9(9): 795-801.
[58] Cahn John W, Hilliard John-E. Energia livre de um sistema não uniforme. I. Energia livre interfacial [J]. The Journal of Chemical Physics, 1958, 28(2): 258-267.
[59] Boettinger William J, Warren James A, Beckermann Christoph. Simulação de campo de fase da solidificação [J]. Revisão Anual da Pesquisa de Materiais, 2002, 32(1): 163-194.
[60] Moelans Nele, Blanpain strip-shapedt, Wollants Patrick. Uma introdução à modelação de campo de fase da evolução da microestrutura [J]. Calphad, 2008, 32(2): 268-294.
[61] Jeong Jun Ho, Goldenfeld Nigel, Dantzig Jonathan A. Modelo de campo de fase para crescimento dendrítico tridimensional com fluxo de fluido [J]. Physical Review E, 2001, 64(4): 41602.
[62] Krill Iii C E, Chen L Q. Simulação computorizada do crescimento de grãos 3-D utilizando um modelo de campo de fase [J]. Ata Materialia, 2002, 50(12): 3059-3075.
[63] Zhu Jiaming, Zhang Tianlong, Yang Yong. Estudo de campo de fase da precipitação de cobre na liga Fe-Cu [J]. Ata Materialia, 2019, 166560-571.
[64] Xu Zhijie, Meakin Paul. Modelação de campo de fase da precipitação e dissolução de solutos [J]. O Jornal de Física Química, 2008, 129(1): 14705.
[65] Tonks Michael R, Cheniour Amani, Aagesen Larry. Como aplicar o método de campo de fase para modelar danos por radiação [J]. Ciência dos Materiais Computacionais, 2018, 147353-362.
[66] Elder K R, Katakowski Mark, Haataja Mikko. Modelação da elasticidade no crescimento de cristais [J]. Physical Review Letters, 2002, 88(24): 245701.
[67] Wu Kuo An, Adland Ari, Karma Alain. Modelo de campo de fase-cristal para ordenação de FCC [J]. Physical Review E Statistical Nonlinear & Soft Matter Physics, 2010, 81(6 Pt 1): 61601.
[68] Greenwood Michael, Sinclair Chad, Militzer Matthias. Modelo de cristal de campo de fase de arrasto de soluto [J]. Ata Materialia, 2012, 60(16): 5752-5761.
[69] Shen Kun, Wang Yixuan, Zhang Jun. Revelando o efeito da segregação do limite de grão no transporte de íons Li no anti-perovskita policristalino Li 3 ClO: um estudo de campo de fase [J]. Físico-Química Física Química, 2020, 22(5): 3030-3036.
[70] Mellenthin Jesper, Karma Alain, Plapp Mathis. Estudo de cristal de campo de fase da pré-fusão de grãos-limite [J]. Physical Review B, 2008, 78(18): 184110.

[71] Berry Joel, Elder K R, Grant Martin. Fusão em deslocações e limites de grão: Um estudo de cristal de campo de fase [J]. Physical Review B, 2008, 77(22): 224114.
[72] Fallah Vahid, Korinek Andreas, Ofori Opoku Nana, et al. Investigação atomística do fenómeno de agrupamento no sistema Al-Cu: Simulação de cristal de campo de fase tridimensional e caraterização HRTEM/HRSTEM[J]. Ata Materialia, 2013, 61(17): 6372-6386.
[73] Fallah Vahid, Stolle Jonathan, Ofori-Opoku Nana, et al. Modelação cristalina de campo de fase de aglomeração e precipitação em ligas metálicas[J]. Physical Review B, 2012, 86(13): 134112.
[74] Stefanovic Peter, Haataja Mikko, Provatas Nikolas. Estudo de cristal de campo de fase de deformação e plasticidade em materiais nanocristalinos [J]. Physical Review E, 2009, 80(4): 46107.
[75] Hirouchi T, Takaki T, Tomita Y. Efeitos da temperatura e do tamanho do grão na simulação da deformação do cristal de campo de fase [J]. International Journal of Mechanical Sciences, 2010, 52(2): 309-319.
[76] Gao Yingjun, Luo Zhirong, Huang Lilin. Estudo de cristal de campo de fase do crescimento e ramo de nano-crack em materiais [J]. Modelagem e Simulação em Ciência e Engenharia de Materiais, 2016, 24(5): 55010.
[77] Gao Yingjun, Huang Lilin, Deng Qianqian. Simulação de cristal de campo de fase da evolução da configuração de deslocamento na recuperação dinâmica em duas dimensões [J]. Ata Materialia, 2016, 117238-251.
[78] Kong Lingyi, Gao Yingjun, Deng Qianqian. Um estudo da nucleação acionada por tensão e extensão de grãos deformados: cristal de campo de fase e modelagem contínua [J]. Materiais, 2018, 11(10): 1805.
[79] Huang Zhifeng, Elder K R, Provatas Nikolas. Dinâmica de campo de fase-cristal para sistemas binários: Derivação da teoria funcional da densidade dinâmica, formalismo da equação de amplitude e aplicações a heteroestruturas de liga [J]. Physical Review E, 2010, 82(2): 21605.
[80] Greenwood Michael, Rottler Jörg, Provatas Nikolas. Metodologia phase-field-crystal para modelação de transformações estruturais [J]. Physical Review E, 2011, 83(3): 31601.
[81] Han Guomin, Han Zhiqiang, Luo Alan A. Um modelo de campo de fase para simular a precipitação de β-$Mg_{17}Al_{12}$ multi-variante em ligas à base de Mg-Al [J]. Scripta Materialia, 2013, 68(9): 691-694.
[82] Zhu J Z, Wang T, Ardell A J. Simulações tridimensionais de campo de fase da cinética de engrossamento de partículas γ′ em ligas binárias de Ni-Al [J]. Ata Materialia, 2004, 52(9): 2837-2845.
[83] Guo X H, Shi S Q, Zhang Q M. Um modelo de campo de fase elastoplástico para a evolução da precipitação de hidretos em zircónio. Parte I: Espécime liso [J]. Jornal de Materiais Nucleares, 2008, 378(1): 110-119.
[84] Vaithyanathan V, Wolverton C, Chen L Q. Modelação multiescala da evolução da microestrutura de precipitados [J]. Physical Review Letters, 2002, 88(12): 125503.
[85] Kim Kyoungdoc, Roy Arijit, Gururajan M-P, et al. Modelagem de primeiros princípios / campo de fase de precipitação θ ′ em ligas Al-Cu [J]. Ata Materialia, 2017, 140344-354.
[86] Hu Yisen, Wang Gang, Zhou Ji Yan. Estudo do comportamento de precipitação θ'em ligas Al-Cu-Cd por modelação de campo de fase [J]. Ciência e Engenharia de Materiais: A, 2019, 746105-114.

[87] Liu H, Bellón B, Llorca J. Modelagem multiescala da morfologia e distribuição espacial de precipitados θ′ em ligas Al-Cu [J]. Ata Materialia, 2017, 132611-626.
[88] Steinbach Ingo, Pezzolla Franco, Nestler Britta, Prieler R, Schmitz G. Um conceito de campo de fase para sistemas multifásicos [J]. Physica D: Fenómenos não lineares, 1996, 94(3): 135-147.
[89] Wheeler Adam A, Boettinger William J, McFadden Geoffrey B. Phase-field model for isothermal phase transitions in binary alloys [J]. Physical Review A, 1992, 45(10): 7424.
[90] Chen Qing, Ma Ning, Wu Kaisheng. Modelação quantitativa do campo de fases do crescimento e dissolução de precipitados controlados por difusão em Ti-Al-V[J]. Scripta Materialia, 2004, 50(4): 471-476.
[91] Wilson Zachary A, Borden Michael J, Landis Chad M. Um modelo de campo de fase para fratura em cerâmicas piezoelétricas [J]. International Journal of Fracture, 2013, 183(2): 135-153.
[92] Hu Shenyang, Henager Jr Charles H. Phase-field modeling of void lattice formation under irradiation [J]. Journal of Nuclear Materials, 2009, 394(2-3): 155-159.
[93] Li Yulan, Hu Shenyang, Sun Xin, Gao Fei, Henager Charles H, Khaleel Mohammad. Modelação de campo de fase da migração de vazios e cinética de crescimento em materiais sob irradiação e campo de temperatura [J]. Journal of Nuclear Materials, 2010, 407(2): 119-125.
[94] Liu X Y, Xu Wei, Foiles SM Al. Estudos atomísticos de segregação e difusão em limites de grãos Al-Cu [J]. Applied Physics Letters, 1998, 72(13): 1578-1580.
[95] Chang L S, Rabkin E, Straumal B B, strip-shapedetzky B, Gust W. Aspectos termodinâmicos da segregação do contorno de grão em ligas de Cu (Bi) [J]. Ata Materialia, 1999, 47(15-16): 4041-4046.
[96] Murayama M, Hono K. Aglomerados de pré-precipitado e processos de precipitação em ligas Al-Mg-Si [J]. Ata Materialia, 1999, 47(5): 1537-1548.
[97] Muddle B Cl, Polmear I J. O precipitado Ω fase em ligas Al-Cu-Mg-Ag [J]. Ata Metallurgica, 1989, 37(3): 777-789.
[98] Senkov O N, Myshlyaev M M. Grain growth in a superplastic Zn-22% Al alloy [J]. Ata Metallurgica, 1986, 34(1): 97-106.
[99] Thompson Carl V, Carel Roland. Tensão e crescimento de grãos em filmes finos [J]. Journal of the Mechanics and Physics of Solids, 1996, 44(5): 657-673.
[100] Elder K R, Katakowski Mark, Haataja Mikko, Grant M. Modeling Elasticity in Crystal Growth [J]. Physical Review Letters, 2002, 88(24): 245701.
[101] Swift Ju, Hohenberg Pierre-C. Flutuações hidrodinâmicas na instabilidade convectiva [J]. Physical Review A, 1977, 15(1): 319.
[102] Cross Mark C, Hohenberg Pierre C. Formação de padrões fora do equilíbrio [J]. Reviews of Modern Physics, 1993, 65(3): 851.
[103] Elder Ken R, Provatas Nikolas, Berry Joel. Modelação cristalina de campo de fase e teoria funcional da densidade clássica de congelação [J]. Physical Review B, 2007, 75(6): 64107.
[104] Galenko Peter, Danilov Denis, Lebedev Vladimir. Campo de fase-cristal e equações de Swift-Hohenberg com dinâmica rápida [J]. Physical Review E, 2009, 79(5): 51110.
[105] Wu Kuo An, Voorhees Peter W. Simulações de cristal de campo de fase do

crescimento de grãos nanocristalinos em duas dimensões [J]. Ata Materialia, 2012, 60(1): 407-419.
[106] Stolle Jonathan, Provatas Nikolas. Caracterizando a segregação de soluto e a energia de contorno de grão em modelos de cristal de campo de fase de liga binária [J]. Ciência dos Materiais Computacional, 2014, 81493-502.
[107] Gao Yingjun, Luo Zhirong, Huang Lilin. Estudo de cristal de campo de fase de crescimento de nano-crack e ramo em materiais [J]. Modelação e Simulação em Ciência e Engenharia de Materiais, 2016, 24(5): 55010.
[108] Skaugen Audun, Angheluta Luiza, Viñals Jorge. Separação de escalas de tempo elásticas e plásticas em um modelo de cristal de campo de fase [J]. Physical Review Letters, 2018, 121(25): 255501.
[109] Elder K R, Huang Z F. Um estudo de cristal de campo de fase da formação de ilhas epitaxiais em nanomembranas [J]. Jornal de Física: Matéria Condensada, 2010, 22(36): 364103.
[110] Chan Pak Yuen, Tsekenis Georgios, Dantzig Jonathan, Dahmen Karin A, Goldenfeld Nigel. Plasticidade e dinâmica de deslocamento em um modelo de cristal de campo de fase [J]. Physical Review Letters, 2010, 105(1): 15502.
[111] Jaatinen A, Achim C V, Elder K R, Nissila Ala. Estudo de cristal de campo de fase de limites de grão de inclinação simétrica de ferro [J]. arXiv preprint arXiv:1006.5405, 2010.
[112] Wu Kuo An, Karma Alain. Modelagem de cristal de campo de fase de interfaces bcc-líquido de equilíbrio [J]. Physical Review B, 2007, 76(18): 184107.
[113] Wu Kuo An, Adland Ari, Karma Alain. Modelo de campo de fase-cristal para ordenação de fcc [J]. Physical Review E, 2010, 81(6): 61601.
[114] Huang Zhi Feng, Elder K R, Provatas Nikolas. A dinâmica do campo de fase-cristal para sistemas binários: Derivação da teoria funcional da densidade dinâmica, formalismo da equação de amplitude e aplicações a heteroestruturas de liga [J]. Physical Review E, 2010, 82(2): 21605.
[115] Pardo F, De La Cruz F, Gammel P L. Observação de fases esmectíticas e de vidro de Bragg em movimento em redes de vórtices fluidas[J]. Nature, 1998, 396(6709): 348-350.
[116] Sagui Celeste, Desai Rashmi C. Cinética da fase tardia de sistemas com interações concorrentes extintas na fase hexagonal [J]. Physical Review E, 1995, 52(3): 2807.
[117] Laradji Mohamed, Guo Hong, Grant Martin. Diagrama de fases de um modelo de rede para misturas ternárias de água, óleo e surfactantes [J]. Physical Review A, 1991, 44(12): 8184.
[118] Swift Ju, Hohenberg Pierre C. Flutuações hidrodinâmicas na instabilidade convectiva [J]. Physical Review A, 1977, 15(1): 319.
[119] Nizovtseva I G, Galenko P K. Amplitudes de ondas viajantes como soluções da equação de cristal de campo de fase [J]. Transacções Filosóficas da Sociedade Real A: Ciências Matemáticas, Físicas e de Engenharia, 2018, 376(2113): 20170202.
[120] Yarnell J L, Katz M J, Wenzel Ro Go, Koenig S H. Fator de estrutura e função de distribuição radial para árgon líquido a 85 K[J]. Physical Review A, 1973, 7(6): 2130.
[121] Greenwood Michael, Rottler Jörg, Provatas Nikolas. Metodologia phase-field-crystal para modelação de transformações estruturais [J]. Physical Review E, 2011, 83(3): 31601.

[122] Provatas N, Dantzig J A, Athreya B. Utilizando o método de cristal de campo de fase na modelação multi-escala da evolução da microestrutura [J]. JOM, 2007, 59(7): 83-90.

[123] Greenwood Michael, Ofori Opoku Nana, Rottler Jörg, Provatas N. Modelação de transformações estruturais em ligas binárias com cristais de campo de fase[J]. Physical Review B, 2011, 84(6): 64104.

[124] Karma Alain, Rappel Wouter Jan. Método de campo de fase para modelação computacionalmente eficiente da solidificação com cinética de interface arbitrária [J]. Physical Review E, 1996, 53(4): R3017.

[125] Karma Alain. Flutuações na solidificação [J]. Physical Review E, 1993, 48(5): 3441.

[126] Karma Alain, Sarkissian Armand. Dinâmica de interfaces e bandas na solidificação rápida [J]. Physical Review E, 1993, 47(1): 513.

[127] Steinbach Ingo, Apel Markus. Modelo de campo multifásico para o estado sólido transformação com tensão elástica [J]. Physica D: Nonlinear Phenomena, 2006, 217(2): 153-160.

[128] Steinbach Ingo, Zhang Lijun, Plapp Mathis. Modelo de campo de fase com dissipação de interface finita [J]. Ata Materialia, 2012, 60(6-7): 2689-2701.

[129] Zhang Lijun, Stratmann Matthias, Du Yong, Sundman B, Steinbach I. Incorporando a abordagem de ordenação da sub-rede CALPHAD no modelo de campo de fase com dissipação de interface finita [J]. Ata Materialia, 2015, 88156-169.

[130] Zhang Lijun, Steinbach Ingo. Modelo de campo de fase com dissipação de interface finita: Extensão para ligas multifásicas multicomponentes [J]. Ata Materialia, 2012, 60(6-7): 2702-2710.

[131] Johnson Claes. Solução numérica de equações diferenciais parciais pelo método dos elementos finitos [M]. Courier Corporation, 2012.

[132] Chen Long Qing, Shen Jie. Aplicações do método semi-implícito de Fourier-espetral às equações de campo de fase [J]. Computer Physics Communications, 1998, 108(2): 147-158.

[133] Fallah Vahid, Ofori Opoku Nana, Stolle Jonathan, Provatas Nikolas, Esmaeili Shahrzad. Simulação de agrupamento de estágio inicial em ligas metálicas ternárias usando o método de cristal de campo de fase [J]. Ata Materialia, 2013, 61(10): 3653-3666.

[134] Novick Cohen Amy, Segel Lee A. Aspectos não lineares da equação de Cahn-Hilliard [J]. Physica D: Nonlinear Phenomena, 1984, 10(3): 277-298.

[135] Zobac Ondrej, Kroupa Ales, Zemanova Adela. Descrição experimental do diagrama de fase binária Al-Cu [J]. Transações Metalúrgicas e de Materiais A, 2019, 50(8): 3805-3815.

[136] Kwiatkowski Da Silva A, Ponge D, Peng Z, Inden G, Lu Y, Breen A, Gault B, Raabe D. Nucleação de fase através de flutuações spinodais confinadas em defeitos de cristal evidenciados em ligas Fe-Mn [J]. Nature Communications, 2018, 9(1): 1137.

[137] Belton G R. Langmuir adsorption, the Gibbs adsorption isotherm, and interfacial kinetics in liquid metal systems [J]. Transacções Metalúrgicas e de Materiais B, 1976, 7(1): 35-42.

[138] Gao Yingjun, Huang Lilin, Deng Qianqian. Simulação de cristal de campo de fase da evolução da configuração de deslocamento na recuperação dinâmica em duas dimensões [J]. Ata Materialia, 2016, 117238-251.

[139] Zhou Wenquan. O método de cristal de campo de fase simula a configuração

de deslocamento e sua evolução do limite de grão sob tensão de alta temperatura [D]. Universidade de Guangxi, 2014.

[140] Cantwell P R, Tang M, Dillon S J, Luo J, Rohrer G S, Harmer M P. Complexos de limites de grãos [J]. Ata Materialia, 2014, 62(1): 1-48.

[141] Fallah Vahid, Korinek Andreas, Ofori Opoku Nana, Provatas N, Esmaeili S. Investigação atomística do fenómeno de agrupamento no sistema Al-Cu: Simulação de cristal de campo de fase tridimensional e caraterização HRTEM/HRSTEM[J]. Ata Materialia, 2015, 83(17): 470-472.

[142] Sunde Jonas Kristoffer, Marioara Calin-Daniel, van Helvoort Antonius-TJ. A evolução das estruturas cristalinas precipitadas em uma liga Al-Mg-Si (-Cu) estudada por uma abordagem combinada HAADF-STEM e SPED [J]. Caracterização de Materiais, 2018, 142458-469.

[143] Edwards G A, Stiller K, Dunlop G L, Couper M J. A sequência de precipitação em ligas Al-Mg-Si [J]. Ata Materialia, 1998, 46(11): 3893-3904.

[144] Yang Wenchao, Wang Mingpu, Zhang Ruirong, Zhang Qian, Sheng Xiaofei. Os padrões de difração de β ″precipitados em 12 orientações na liga Al-Mg-Si [J]. Scripta Materialia, 2010, 62(9): 705-708.

[145] Wang Yi, Liu Z K, Chen L Q, Wolverton C. Cálculos de primeiros princípios das interfaces β''-Mg_5Si_6/α-Al [J]. Ata Materialia, 2007, 55(17): 5934-5947.

[146] Khachaturyan Armen G. Teoria das transformações estruturais em sólidos [M]. Courier Corporation, 2013.

[147] Ravelo R, Aguilar J, Baskes M, Angelo J E, Fultz B, Lee Holian B. Energia livre e diferença de entropia vibracional entre Ni_3Al[J] ordenado e desordenado. Physical Review B, 1998, 57(2): 862.

[148] Yu Rong, Zhu J, Ye H Q. Cálculos de constantes elásticas de um único cristal simplificados [J]. Comunicações de Física Computacional, 2010, 181(3): 671-675.

[149] Han G M, Zhao Y F, Zhou C B. Modelagem de campo de fase de formação de estrutura de empilhamento e transição de precipitados de δ-hidreto em zircônio [J]. Ata Materialia, 2019, 165528-546.

[150] Tang Ying, Du Yong, Zhang Lijun, Yuan Xiaoming, Kaptay George. Descrição termodinâmica do sistema Al-Mg-Si usando uma nova formulação para a dependência da temperatura do excesso de energia de Gibbs[J]. Thermochimica Ata, 2012, 527131-142.

[151] Erwin Povoden-Karadeniz, Lang Peter, Warczok Piotr, et al. Modelação CALPHAD de fases metaestáveis no sistema Al-Mg-Si[J]. Calphad, 2013, 4394-104.

[152] Derlet P M, Andersen S J, Marioara C D. Um estudo de primeiros princípios da fase β"em ligas Al-Mg-Si [J]. Journal of Physics: Matéria Condensada, 2002, 14(15): 4011.

[153] Zhang H, Wang Yi, Shang S L. Ravi C, Wolverton C, Chen L Q, Liu Z K. Limites de Solvus de fases (meta) estáveis no sistema Al-Mg-Si: Cálculos fonónicos de primeiros princípios e modelação termodinâmica [J]. Calphad, 2010, 34(1): 20-25.

[154] Hasting Håkon S, Frøseth Anders G, Andersen Sigmund J, Vissers R, Walmsley J C, Marioara C D, Danoix F, Lefebvre W, Homestad R. Composição de precipitados β″ em ligas Al-Mg-Si por tomografia de sonda atómica e cálculos de primeiros princípios [J]. Journal of Applied Physics, 2009, 106(12): 123527.

[155] Thompson M E, Su C S, Voorhees Peter W. A forma de equilíbrio de um

precipitado mal ajustado [J]. Ata Metallurgica Et Materialia, 1994, 42(6): 2107-2122.

[156] Chen Haonan, Lu Jiangbo, Kong Yi, Li Kai, Yang Tong, Meingast Arno, Yang Mingjun, Lu Qiang, Du Yong. Investigação em escala atômica da estrutura cristalina e interfaces do precipitado B′ em ligas Al-Mg-Si [J]. Ata Materialia, 2020, 185193-203.

[157] Marmier Arnaud, Lethbridge Zoe AD, Walton Richard I. ElAM: Um programa de computador para a análise e representação de propriedades elásticas anisotrópicas [J]. Computer Physics Communications, 2010, 181(12): 2102-2115.

[158] Vaithyanathan V, Wolverton C, Chen L Q. Modelagem multiescala de precipitação θ′ em ligas binárias Al-Cu [J]. Ata Materialia, 2004, 52(10): 2973-2987.

[159] Yang Mingjun, Chen Haonan, Orekhov Andrey, Lu Qiang, Lan Xinyue, Li Kai, Zhang Shuyan, Song Min, Kong Yi, Schryvers D, Du Yong. Contribuição quantificada de precipitados β ″ e β ′ para o fortalecimento de uma liga Al-Mg-Si envelhecida [J]. Materials Ence & Engineering A, 2019, 774138776.

[160] Mallick Ashis, Vedantam Srikanth, Lu Li. Comportamento à tração dependente do tamanho de grão da liga Mg-3% Al a temperaturas elevadas [J]. Ciência e Engenharia dos Materiais: A, 2009, 515(1-2): 14-18.

[161] Bhadeshia Harry, Honeycombe Robert. Aços: microestrutura e propriedades[M]. Butterworth-Heinemann, 2017.

[162] Chopard Bastien, MichelDroz, Chopard. Simulação de autómatos celulares de sistemas fí sicos [M]. Tsinghua University Press, 2003.

[163] Xu Zhongji. Método Monte Carlo [M]. Shanghai Science and Technology Press, 1985.

[164] Wheeler Adam A, Murray Bruce T, Schaefer Robert J. Computação de dendrites usando um modelo de campo de fase [J]. Physica D: Nonlinear Phenomena, 1993, 66(1-2): 243-262.

[165] Warren James A, Boettinger William J. Previsão de crescimento dendrítico e padrões de microssegregação numa liga binária usando o método de campo de fase [J]. Ata Metallurgica Et Materialia, 1995, 43(2): 689-703.

[166] Chen Long Qing, Yang Wei. Simulação computacional da dinâmica do domínio de um sistema temperado com um grande número de parâmetros de ordem não conservados: A cinética de crescimento do grão [J]. Physical Review B, 1994, 50(21): 15752.

[167] Cai Yun, Sun Chaoyang, Wan Li, Yang Dai Jun, Zhou Qingjun, Su Zexing. Estudo sobre o comportamento de amolecimento da recristalização dinâmica da liga de magnésio AZ 80 [J]. Journal of Metals, 2016,52 (9): 1123-1132.

[168] Fan Danan, Chen Long Qing. Crescimento de grãos controlado por difusão em sólidos bifásicos [J]. Ata Materialia, 1997, 45(8): 3297-3310.

[169] Zaeem M Asle, El Kadiri Haitham, Wang Paul T. Investigando os efeitos da anisotropia energética dos limites dos grãos e das partículas de segunda fase no crescimento dos grãos usando um modelo de campo de fase [J]. Ciência dos Materiais Computacional, 2011, 50(8): 2488-2492.

[170] Moelans Nele, Blanpain strip-shapedt, Wollants Patrick. Um modelo de campo de fase para a simulação do crescimento de grãos em materiais contendo partículas de segunda fase incoerentes finamente dispersas [J]. Ata Materialia, 2005, 53(6): 1771-1781.

[171] Lifshitz Ilya M, Slyozov Vitaly V. A cinética da precipitação a partir de soluções sólidas supersaturadas [J]. Journal of Physics And Chemistry of Solids, 1961, 19(1-2): 35-50.
[172] Thompson Carl V. Grain growth in thin films [J]. Revisão anual da ciência dos materiais, 1990, 20(1): 245-268.
[173] Anderson M P, Srolovitz D J, Grest G S. Simulação computacional do crescimento de grãos-I. Cinética [J]. Ata Metallurgica, 1984, 32(5): 783-791.
[174] Srolovitz D J, Anderson Michael P, Sahni Paramdeep S. Computer simulation of grain growth-II. Distribuição do tamanho do grão, topologia e dinâmica local [J]. Ata Metallurgica, 1984, 32(5): 793-802.
[175] Burke J E, Turnbull D. Recristalização e crescimento de grãos [J]. Progresso em Física dos Metais, 1952, 3220-292.
[176] Mullins William W. Two-dimensional motion of idealized grain boundaries [J]. Journal of Applied Physics, 1956, 27(8): 900-904.
[177] Hillert M. Sobre a teoria do crescimento normal e anormal de grãos [J]. Ata Metallurgica, 1965, 13(3): 227-238.
[178] Moelans Nele, Blanpain strip-shapedt, Wollants Patrick. Simulações de campo de fase do crescimento de grãos em sistemas bidimensionais contendo partículas de segunda fase finamente dispersas [J]. Ata Materialia, 2006, 54(4): 1175-1184.
[179] Zener Clarence. Elasticity and anelasticity of metals [M]. Imprensa da Universidade de Chicago, 1948.
[180] Gao Jinhua, Thompson Raymond-G, Patterson Burton-R. Simulação computacional de crescimento de grãos com pinagem de partículas de segunda fase [J]. Ata Materialia, 1997, 45(9): 3653-3658.
[181] Smith Cyril Stanley. Grains, phases, and interfaces: An introduction of microstructure [J]. Trans. Metall. Soc. AIME, 1948, 17515-51.
[182] Miodownik M, Martin J W, Cerezo A. Simulações em mesoescala de fixação de partículas [J]. Revista Filosófica A, 1999, 79(1): 203-222.
[183] Suwa Yoshihiro, Saito Yoshiyuki, Onodera Hidehiro. Simulação de campo de fase do crescimento de grãos em sistema tridimensional contendo partículas de segunda fase finamente dispersas [J]. Scripta Materialia, 2006, 55(4): 407-410.
[184] Chang Kunok, Feng Weiming, Chen Long Qing. Efeito da morfologia de partículas de segunda fase na cinética de crescimento de grãos [J]. Ata Materialia, 2009, 57(17): 5229-5236.
[185] Beck Paul A, Sperry Philip R. Strain Induced Grain Boundary Migration in High Purity Aluminum [J]. Journal of Applied Physics, 1950, 21(2): 150-152.
[186] Gottstein Gunter. Grain Boundary Migration in Metals-Thermodynamics, Kinetics, Applications, Second Edition [J]. Crc Press, 2009.
[187] Liu Chunhui, Lu Wenjun, Weng George J. Um mecanismo cooperativo de rotação de nano-grãos e migração de limites de grãos para maior emissão de deslocamento e ductilidade à tração em materiais nanocristalinos [J]. Materials Ence & Engineering A, 2019, 756(MAY 22): 284-290.
[188] Gao Ying Jun, Deng Qian Qian, Liu Zhe Yuan. Modos de Crescimento de Grãos e Mecanismo de Reação de Deslocação sob Esforço Biaxial Aplicado: Modelação atomística e contínua [J]. Jornal de Ciência e Tecnologia de Materiais -Shenyang-, 2020, 49.
[189] Wang Lihua, Teng Jiao, Liu Pan, Hirata Akihiko, Ma En, Zhang Ze, Chen Mingwei, Han Xiaodong. Rotação de grãos mediada por deslocamentos de

limite de grãos em platina nanocristalina [J]. Nature Communications, 2014, 54402.

Apêndice A Conversão da matriz de deformação e rigidez sem tensão entre diferentes sistemas de coordenadas

Como o processo de precipitação do envelhecimento ocorre na matriz, o sistema de coordenadas da matriz só pode ser usado como o sistema de coordenadas completo no processo de simulação do campo de fase, ou seja, o sistema de coordenadas da rede da fase de precipitação do cristal monoclínico deve ser convertido para o sistema de coordenadas da rede da fase da matriz de alumínio. De acordo com a correspondência de coordenadas, a deformação própria da fase de precipitação e a transformação da matriz de rigidez elástica para a relação de transformação de coordenadas globais podem ser expressas como: $\varepsilon'_{ij} = a_{ik}\varepsilon_{kl}a_{jl}$ e $C'_{ijkl} = a_{ip}a_{jq}C_{pqrs}a_{kr}a_{ls}$. Onde ε_{kl} e C_{pqrs} são a matriz de deformação sem tensão e a matriz de rigidez elástica de β'' no sistema de coordenadas globais. a_{ij} pode ser obtido a partir da matriz de cosseno direcional $A_{i,j}$ entre os dois sistemas de coordenadas do sistema de coordenadas locais e o sistema de coordenadas globais.

$$A_{i,j} = \{a_{i,j}\} \tag{A-1}$$

$$a_{i,j} = cos(x'_i, x_j) \tag{A-2}$$

A letra maiúscula $A_{i,j}$ representa a matriz de cosseno da relação de orientação entre a fase precipitada e a matriz de alumínio, enquanto a letra minúscula $a_{i,j}$ representa cada elemento da matriz, onde i representa o sistema de coordenadas global e j é o sistema de coordenadas local.

Tomando como exemplo as três variantes A3, B2 e C1, no sistema de coordenadas globais da matriz A1, a sua matriz de deformação sem tensão e constante elástica pode ser escrita como

$$\varepsilon_{A3} = \begin{pmatrix} 0.0857769 & -0.008284620 & 0 \\ -0.00828462 & 0.0332231 & 0 \\ 0 & 0 & 0.009 \end{pmatrix}$$

$$C_{\beta''}^{A3} = \begin{pmatrix} 59.81 & 74.77 & 31.30 & 0 & 0 & -13.71 \\ 74.77 & 171.8 & 70.02 & 0 & 0 & -19.55 \\ 31.30 & 70.02 & 119.0 & 0 & 0 & -16.37 \\ 0 & 0 & 0 & 42.46 & -4.889 & 0 \\ 0 & 0 & 0 & -4.889 & 23.13 & 0 \\ -13.71 & -19.55 & -16.37 & 0 & 0 & 33.94 \end{pmatrix} (GPa)$$

$$\varepsilon_{B2} = \begin{pmatrix} 0.0857769 & 0 & 0.00828462 \\ 0 & 0.009 & 0 \\ 000828462 & 0 & 0.0332231 \end{pmatrix}$$

$$C_{\beta''}^{B2} = \begin{pmatrix} 59.81 & 31.30 & 74.77 & 0 & 13.71 & 0 \\ 31.30 & 119.0 & 70.02 & 0 & 16.37 & 0 \\ 74.77 & 70.02 & 171.8 & 0 & 19.55 & 0 \\ 0 & 0 & 0 & 42.46 & 0 & 4.889 \\ 13.71 & 16.37 & 19.55 & 0 & 33.94 & 0 \\ 0 & 0 & 0 & 4.889 & 0 & 33.94 \end{pmatrix} (GPa)$$

$$\varepsilon_{C1} = \begin{pmatrix} 0.009 & 0 & 0 \\ 0 & 0.0332231 & -0.00828462 \\ 0 & -0.00828462 & 0.0857769 \end{pmatrix}$$

$$C_{\beta''}^{C1} = \begin{pmatrix} 119.0 & 70.02 & 31.30 & -16.37 & 0 & 0 \\ 70.02 & 171.8 & 74.77 & -19.55 & 0 & 0 \\ 31.30 & 74.77 & 59.81 & -13.71 & 0 & 0 \\ -16.37 & -19.55 & -13.71 & 33.94 & 0 & 0 \\ 0 & 0 & 0 & 0 & 23.13 & -4.889 \\ 0 & 0 & 0 & 0 & -4.889 & 42.46 \end{pmatrix} (GPa)$$

Todos os outros tensores de deformação e matrizes de constantes elásticas para todas as 12 variantes podem ser obtidos da mesma forma.

Apêndice B Relação entre o módulo de Young e as constantes elásticas

Os cristais são anisotrópicos, têm propriedades diferentes em direcções diferentes e têm uma simetria rigorosa. O módulo de elasticidade também é diferente em diferentes direcções.

Considerando a segunda ordemC_{ijkl} da matriz de rigidez elástica aqui, a lei de Hooker pode ser expressa como$\sigma = C \cdot \varepsilon$, e pode ser generalizada para a forma matricial:

$$\sigma = \begin{pmatrix} \sigma_1 \\ \sigma_2 \\ \sigma_3 \\ \sigma_4 \\ \sigma_5 \\ \sigma_6 \end{pmatrix} = \begin{bmatrix} C_{11} & C_{12} & C_{13} & C_{14} & C_{15} & C_{16} \\ C_{21} & C_{22} & C_{23} & C_{24} & C_{25} & C_{26} \\ C_{31} & C_{32} & C_{33} & C_{34} & C_{35} & C_{36} \\ C_{41} & C_{42} & C_{43} & C_{44} & C_{45} & C_{46} \\ C_{51} & C_{52} & C_{53} & C_{54} & C_{55} & C_{56} \\ C_{61} & C_{62} & C_{63} & C_{64} & C_{65} & C_{66} \end{bmatrix} \begin{pmatrix} \varepsilon_1 \\ \varepsilon_2 \\ \varepsilon_3 \\ \varepsilon_4 \\ \varepsilon_5 \\ \varepsilon_6 \end{pmatrix} = \boldsymbol{C} \cdot \boldsymbol{\varepsilon} \tag{B-1}$$

Pode demonstrar-se que a matriz de rigidez C é uma matriz simétrica em que$C_{ij} = C_{ji}$, pelo que o número de elementos tensoriais independentes é, no má ximo, 21. Quanto maior for a simetria do cristal, menor será o número de elementos tensoriais independentes. É de notar que o número deC_{ij} depende apenas do sistema cristalino e não do tipo de simetria particular do cristal.

A matriz inversa S de C é designada por matriz de conformidade. Uma expressão geral do módulo de elasticidade de Young pode ser obtida usando a matriz de conformidade S. O cosseno das três direções cristalinas [100], [010], [001] é usado como base para a direção para representar qualquer direção do módulo de Young. , $l_1 l_2$, l_3 é o cosseno da direção em relação ao eixo principal. A magnitude do módulo de Young E em qualquer ponto do espaço depende apenas da direção. A expressão específica é a seguinte:

$$\begin{aligned} 1/E = {} & S_{11} l_1^4 + S_{22} l_2^4 + S_{33} l_3^4 + (S_{44} + 2S_{23})(l_2 l_3)^2 \\ & + (S_{55} + 2S_{13})(l_1 l_3)^2 + (S_{66} + 2S_{12})(l_1 l_2)^2 \\ & + 2[(S_{14} + S_{56}) l_1^2 + S_{24} l_2^2 + S_{34} l_3^2] l_2 l_3 \\ & + 2[S_{15} l_1^2 + (S_{25} + S_{46}) l_2^2 + S_{35} l_3^2] l_1 l_3 \\ & + 2[S_{16} l_1^2 + S_{26} l_2^2 + (S_{36} + S_{45}) l_3^2] l_1 l_2 \end{aligned} \tag{B-2}$$

Para o sistema cúbico: em todos os cristais do sistema, sistema cúbico com o mais alto de simetria, e o número de elemento de matriz independente é apenas três, C_{11}, C_{12} e C_{44}, entre os quais $C_{11} = C_{22} = C_{33}$, $C_{44} = C_{55} = C_{66}$ e $C_{12} = C_{13} = C_{23}$, Os outros elementos de matriz não independentes são iguais a zero. Assim, o módulo de Young do sistema cristalino cúbico pode ser obtido da seguinte forma:

$$\begin{aligned} 1/E &= S_{11}(l_1^4 + l_2^4 + l_3^4) + (S_{44} + 2S_{12})(l_1^2 l_2^2 + l_1^2 l_3^2 + l_2^2 l_3^2) \\ &= S_{11} - 2(S_{11} - S_{12} - S_{44}/2)(l_1^2 l_2^2 + l_1^2 l_3^2 + l_2^2 l_3^2) \end{aligned} \quad \text{(B-3)}$$

Para sistemas monoclínicos: existem 13 elementos de matriz independentes na matriz elástica. O módulo de Young satisfaz a seguinte equação:

$$\begin{aligned} 1/E = {} & S_{11} l_1^4 + S_{22} l_2^4 + S_{33} l_3^4 + (S_{44} + 2S_{23})(l_2 l_3)^2 \\ & + (S_{66} + 2S_{12})(l_1 l_2)^2 \\ & + 2[S_{15} l_1^2 + (S_{25} + S_{46}) l_2^2 + S_{35} l_3^2] l_1 l_3 \end{aligned} \quad \text{(B-4)}$$

Apêndice C Parâmetros termodinâmicos e cinéticos do sistema Al-Mg-Si

Os dados termodinâmicos da liga Al-Mg-Si podem ser encontrados na base de dados CALPHAD, onde a energia livre de Gibbs de Moore da matriz de Al e das fases precipitadas deβ'' são respetivamente (J/mol):

$$G_m^{fcc} = G_{Al}^0 \cdot x_{Al} + G_{Mg}^0 \cdot x_{Mg} + G_{Si}^0 \cdot x_{Si} + R \cdot T \cdot [x_{Al} \cdot ln(x_{Al}) + x_{Mg} \cdot ln(x_{Mg}) + x_{Si} \cdot ln(x_{Si})] + x_{Al} \cdot x_{Mg} \cdot \sum_{i=0}^{n} L_{Al,Mg}^{FCC,i} \cdot (x_{Al} - x_{Mg})^i + x_{Al} \cdot x_{Si} \cdot \sum_{i=0}^{n} L_{Al,Si}^{FCC,i} \cdot (x_{Al} - x_{Si})^i + x_{Mg} \cdot x_{Si} \cdot \sum_{i=0}^{n} L_{Mg,Si}^{FCC,i} \cdot (x_{Mg} - x_{Si})^i \quad \text{(C-1)}$$

bem como

$$G_p^{\beta''} = y_{Al} \cdot y_{Mg} \cdot G_{Al:Mg} + y_{Mg} \cdot y_{Si} \cdot G_{Mg:Si} + RT[5 * y_{Mg} ln y_{Mg} + 6(y_{Al} ln y_{Al} + y_{Si} ln y_{Si})] \quad \text{(C-2)}$$

$G_{Al}^0 G_{Mg}^0$, eG_{Si}^0 representam as energias livres do estado de referência dos elementos Al, Mg e Si, respetivamente:

$$G_{Al}^0 = -7976.15 + 137.072T - 24.3672T\ln(T) - 1.88466 \times 10^{-3}T^2 - 8.77664 \times 10^{-7}T^3 + 74092T^{-1} T \in (298.15K, 700K) \quad \text{(C-3)}$$

$$G_{Mg}^0 = -8367.34 + 143.676T - 26.1850T\ln(T) + 4.858 \times 10^{-4}T^2 - 1.39367 \times 10^{-6}T^3 + 78950T^{-1} \quad T \in (298.15K, 923K) \quad \text{(C-4)}$$

$$G_{Si}^0 = -8162.61 + 137.237T - 22.8318T ln(T) - 1.91290 \times 10^{-3}T^2 - 3.552 \times 10^{-9}T^3 + 17667T^{-1} T \in (298.15K, 1687K) \quad \text{(C-5)}$$

Os parâmetros de interação $L_{Al,Mg}^{FCC,0}$ 、 $L_{Al,Mg}^{FCC,1}$ e $L_{Al,Mg}^{FCC,2}$ na expressão (C-1) são respetivamente:

$$\begin{cases} L_{Al,Mg}^{FCC,0} = 6471 - 3.500025T \\ L_{Al,Mg}^{FCC,1} = 225 + 0.1T \\ L_{Al,Mg}^{FCC,2} = -550 + 0.002225T \end{cases} \quad \text{(C-6)}$$

$$\begin{cases} L_{Al,Si}^{FCC,0} = -3559 - 0.096T \\ L_{Al,Si}^{FCC,1} = 0 \\ L_{Al,Si}^{FCC,2} = 15 \end{cases} \quad \text{(C-7)}$$

$$\begin{cases} L_{Mg,Si}^{FCC,0} = -16000 + 0.89T \\ L_{Mg,Si}^{FCC,1} = 0 \\ L_{Mg,Si}^{FCC,2} = 0 \end{cases} \quad \text{(C-8)}$$

O coeficiente de difusão química na liga Al-Mg-Si é calculado a seguir. Os parâmetros de mobilidade atómica dos elementos Al, Mg e Si na liga Al-Mg-Si são

$$M_{Al} = \frac{1}{RT}\exp(\frac{\Phi_{Al}}{RT}) \quad \text{(C-9)}$$

$$M_{Mg} = \frac{1}{RT}\exp(\frac{\Phi_{Mg}}{RT})$$

$$M_{Si} = \frac{1}{RT}\exp(\frac{\Phi_{Si}}{RT})$$

Se o elemento Al for selecionado como solvente, na matriz de Al da liga Al-Mg-Si, o coeficiente de difusão química $D_{Mg,Mg}^{Al}$ 、 $D_{Mg,Si}^{Al}$ 、 $D_{Si,Si}^{Al}$ e $D_{Si,Mg}^{Al}$ pode ser obtido através das seguintes expressões:

$$D_{Mg,Mg}^{Al} = -x_{Mg}x_{Al}M_{Al}\left(\frac{\partial\mu_{Al}}{\partial x_{Mg}} - \frac{\partial\mu_{Al}}{\partial x_{Al}}\right) + (1 - x_{Mg})x_{Mg}M_{Mg}\left(\frac{\partial\mu_{Mg}}{\partial x_{Mg}} - \frac{\partial\mu_{Mg}}{\partial x_{Al}}\right) - x_{Mg}x_{Si}M_{Si}\left(\frac{\partial\mu_{Si}}{\partial x_{Mg}} - \frac{\partial\mu_{Si}}{\partial x_{Al}}\right) \tag{C-10}$$

$$D_{Mg,Si}^{Al} = -x_{Mg}x_{Al}M_{Al}\left(\frac{\partial\mu_{Al}}{\partial x_{Si}} - \frac{\partial\mu_{Al}}{\partial x_{Al}}\right) + (1 - x_{Mg})x_{Mg}M_{Mg}\left(\frac{\partial\mu_{Mg}}{\partial x_{Si}} - \frac{\partial\mu_{Mg}}{\partial x_{Al}}\right) - x_{Mg}x_{Si}M_{Si}\left(\frac{\partial\mu_{Si}}{\partial x_{Si}} - \frac{\partial\mu_{Si}}{\partial x_{Al}}\right) \tag{C-11}$$

$$D_{Si,Mg}^{Al} = -x_{Si}x_{Al}M_{Al}\left(\frac{\partial\mu_{Al}}{\partial x_{Mg}} - \frac{\partial\mu_{Al}}{\partial x_{Al}}\right) + (1 - x_{Si})x_{Si}M_{Si}\left(\frac{\partial\mu_{Si}}{\partial x_{Mg}} - \frac{\partial\mu_{Si}}{\partial x_{Al}}\right) - x_{Mg}x_{Si}M_{Mg}\left(\frac{\partial\mu_{Mg}}{\partial x_{Mg}} - \frac{\partial\mu_{Mg}}{\partial x_{Al}}\right) \tag{C-12}$$

$$D_{Si,Si}^{Al} = -x_{Si}x_{Al}M_{Al}\left(\frac{\partial\mu_{Al}}{\partial x_{Si}} - \frac{\partial\mu_{Al}}{\partial x_{Al}}\right) + (1 - x_{Si})x_{Mg}M_{Mg}\left(\frac{\partial\mu_{Mg}}{\partial x_{Si}} - \frac{\partial\mu_{Mg}}{\partial x_{Al}}\right) - x_{Mg}x_{Si}M_{Mg}\left(\frac{\partial\mu_{Mg}}{\partial x_{Si}} - \frac{\partial\mu_{Mg}}{\partial x_{Al}}\right) \tag{C-13}$$

Entre estes, os potenciais quí micosμ_{Al} 、μ_{Mg} e μ_{Si} podem ser derivados por energia livre para o componentex_i , ou seja

$$\mu_{Al} = \frac{\partial G_m^{fcc}(x_{Al}, x_{Mg}, x_{Si}, T)}{\partial x_{Al}} \tag{C-14}$$

$$\mu_{Mg} = \frac{\partial G_m^{fcc}(x_{Al}, x_{Mg}, x_{Si}, T)}{\partial x_{Mg}} \tag{C-15}$$

$$\mu_{Si} = \frac{\partial G_m^{fcc}(x_{Al}, x_{Mg}, x_{Si}, T)}{\partial x_{Si}} \tag{C-16}$$

Printed by Books on Demand GmbH, Norderstedt / Germany